U0202072

苏北浅滩"怪潮"
灾害监测预警技术
示范研究

SUBEI QIANTAN "GUAICHAO"
ZAIHAI JIANCE YUJING JISHU
SHIFAN YANJIU

刘刻福 ◎ 主 编

海洋出版社

2015年·北京

图书在版编目（CIP）数据

苏北浅滩"怪潮"灾害监测预警技术示范研究 / 刘刻福主编. —北京：海洋出版社，2015.6
ISBN 978-7-5027-9159-9

Ⅰ.①苏… Ⅱ.①刘… Ⅲ.①浅滩–潮水–灾害–监测–预测–研究–苏北地区 Ⅳ.①P731.23

中国版本图书馆CIP数据核字（2015）第108169号

责任编辑：常青青
责任印制：赵麟苏

海洋出版社 出版发行

http://www.oceanpress.com.cn

北京市海淀区大慧寺路 8 号　　邮编：100081
北京画中画印刷有限公司印刷
2015 年 6 月第 1 版　　2015 年 6 月第 1 次印刷
开本：787mm×1092mm　　1 / 16　　印张：14
字数：268 千字　　定价：80 .00 元
发行部：62132549　　邮购部：68038093
总编室：62114335　　编辑室：62100038
海洋版图书印、装错误可随时退换

编著委员会

序

    苏北沿海滩涂平缓宽阔，水深条件优越，是海洋开发利用的热土。由于该地区位于东海前进潮波与黄海旋转潮波的幅合带，加之苏北沿岸流的共同作用，潮汐特征极为复杂，会在短时间内出现局部急流和水位急涨现象，极易引发海难，造成生命财产的重大损失。这种潮汐现象致灾机理复杂，无明显规律性，不易防范和应对，被当地老百姓称为"怪潮"。

    为使"怪潮"不再"作怪"，2009年，国家海洋局东海分局联合国内多家优势团队，开展了大量深入系统的研究。历时5年，克服了种种困难，通过深入了解该区域"怪潮"灾情，调查研究"怪潮"激流海难事故个例、实地测量浅滩地形、分析掌握滩涂演变过程及水动力特征，弄清了"怪潮"灾害的发生机理，给出了形象化的科学解释，并对"怪潮"灾害的风险防范和科学应对提出了具体的措施建议。在该项研究的促进下，南黄海沿海"怪潮"灾害业务化观测体系得已建立，浅滩沿海高分辨率数值预报、风险评估和区划、灾害应急辅助决策信息服务等正逐步开展，对进一步保障沿岸地区的渔业生产安全和海洋经济发展具有重要意义。

    本书从灾害调查、地形测绘、海洋观测、海洋遥感、海洋预报、风险评估、辅助决策及信息技术等方面，翔实地呈现了苏北浅滩"怪潮"灾害监测预警技术研究的全过程，对"怪潮"灾害监测体系、预警报系统、防灾减灾综合信息平台及相关措施建议等具有科学性、先进性和实用性的重要研究成果进行了系统整理，是我国"怪潮"灾害研究领域的宝贵资料。

前言

　　中国南黄海的苏北浅滩地处我国东部沿海中心部位，北起废黄河口，南与长江口毗邻，分布有世界罕见的潮流沙脊群——辐射状沙洲，面积约1 268.38 km²，海岸线超过740 km，其中可建5万吨级以上深水泊位的海岸线逾40 km，如东洋口港外黄沙洋水道和烂沙洋水道是江苏最大、全国为数不多可建10万～20万吨深水泊位的黄金水道，启东吕四港可建5万～10万吨级深水泊位；南黄海石油地质储量约70×10⁸ t；同时海洋渔业资源丰富，拥有全国八大渔场中的海州湾渔场、吕四渔场、长江口渔场和大沙渔场，近海鱼类有130多种，多获性鱼类75种，优势品种有7～8种。仅南通市年海产品捕获量超过30×10⁴ t，海水养殖产量11×10⁴ t，潮间带适宜藻类栽培的滩涂面积余2×10⁴ hm²，滩涂野生植物有14科48种，是独具特色的沿海海水养殖业产业带。自江苏省委、省政府做出发展海洋经济和建设"海上苏东"的重大决策以来，南黄海海洋经济步入了新的发展阶段。2009年6月10日，国务院总理温家宝主持召开国务院常务会议，讨论并原则通过《江苏沿海地区发展规划》，将江苏沿海地区建设成为我国东部地区重要的经济增长点。

　　苏北海域辐射状沙洲群，滩阔槽深、地形独特，从空中鸟瞰犹如一只"巨掌"由辽阔的江海平原伸向外海，其中一条条辐射沙脊，则是"巨掌"向外展开的"手指"。该海域处于东海前进潮波与黄海旋转潮波的辐合带，属强潮区，影响该海域的潮流系统有东海前进波、黄海旋转波和苏北沿岸流，当这些不同的流系在前行过程中达到某一谐振状态，正好与沙脊地形配合，在潮流水道里形成海水堆积，当海水堆积速度过快，超出某一限度时，极易引起局地海流流速急增、水位急涨的现象，简称"怪潮"（涌流激潮）。在全球气候变化和海洋经济快速发展的背景下，海洋灾害发生频率和强度突显，苏北海域激流"怪潮"灾害的危害愈趋严重。经常发生的"怪潮"极易引发重大的海难伤亡事故，对苏北沿海地区的海洋经济发展与渔业生产安全构成了严重的威胁。据统计，1998—2008年的11年间，共发生53起海难事故，死亡（或失踪）149人，其中，死亡人数5人以上的严重海难事故13起，10人以上的重大海难事故6起。早在1959年3月25日，曾发生过一次死亡1 300余人的特大灾害，2010年江苏沿海因海洋灾害死亡达53人。据南通市海洋局官方数据，滩涂养殖从业人员高达40余万，每个"赶海"作业平均有6 000～8 000人工作在激流"怪潮"事故频发的危险地带，因此，在短时期内难以改变现有南黄海浅滩海域乘拖拉机赶海等安全性不高的生产方式的形势下，实现渔业安全生产必须着力解决激流"怪潮"监测预警问题。

但是，长期以来，受浅滩特殊地形限制，该海域在海洋环境安全保障体系方面发展相对缓慢，缺乏必要的海洋观测数据，难以弄清激流"怪潮"的发生机理。2009年秋，国家海洋局东海分局以海洋公益性行业科研专项经费项目"苏北浅滩'怪潮'灾害监测预警关键技术研究及示范应用"（200905014）的立项为契机，组织东海预报中心联合东海信息中心、上海交通大学等9家单位共同开展"苏北浅滩'怪潮'灾害监测预警关键技术研究"。项目在研期间，除项目预设的监测系统建设外，东海分局积极投入大量人力物力，在吕四大唐电厂和如东洋口港增设了一对中程地波雷达，在"怪潮"灾害的关键监测站位布放了一套10 m大型浮标，并利用航空遥感技术开展了沙洲浅滩、潮沟地形测量，极大丰富了"怪潮"监测体系的建设内容。专项经过三年多的建设研究与近两年来的示范区业务化运行，形成了一批研究与创新成果：通过在浅滩沿海海难高发区域选取关键位置布设8个固定观测站点，建立了南黄海沿海"怪潮"灾害监测体系；通过分析研究南黄海沿海"怪潮"激流海难事故个例、背景资料，进行了浅滩"怪潮"激流海洋灾害高风险区域划分；通过调查收集该区域"怪潮"灾情、浅滩滩涂演变过程的分析研究，探索了"怪潮"灾害的发生机理；通过浅滩地形的高精度测量，研制开发了浅滩沿海高分辨三维流、浪、潮数值预报系统；研制了集观测预警信息为一体的综合信息服务平台和辅助决策系统，向沿海社会大众及政府决策部门提供相关预警报专项信息服务。2012年9月18日，国家海洋局批准建立了以该项目的研究成果为基础的"南通海洋预报减灾示范区"，进一步推进了项目成果的应用转化与拓展深化，探索出一套全新的海洋防灾减灾工作和管理机制并向全国推广。

本书是"苏北浅滩'怪潮'灾害监测预警关键技术研究及示范应用"的核心部分成果。全书内容可大体分为8个章节。第1章，绪论，主要论述苏北浅滩"怪潮"灾害孕育环境基本特征、灾害危害、国内外相关技术及苏北浅滩海域"怪潮"灾害监测预警体系发展现状及趋势；第2章，地貌演变趋势分析，主要阐述沙脊地貌分类、形态、分布、沉积特征及演变趋势；第3章，"怪潮"发生机理研究，主要阐述沙脊地形、双潮波系统、海面风、海浪等因素对"怪潮"灾害发生的影响；第4章，"怪潮"灾害监测体系，较为全面介绍了站点布设原则、建设、数据获取、传输、处理分析及后期运维等情况；第5章，"怪潮"灾害预警报系统，含精细化风、浪、流数值预报系统、经验统计预报系统以及业务化运行情况；第6章，信息综合服务平台，主要阐述平台建构、数据库、可视化处理系统、信息发布系统及业务化运行等；第7章，辅助决策系统，主要阐述系统功能、风险区划、救援方案、应急预案等方面研究；第8章，"怪潮"灾害防治建议，从灾害应急处置机构、监测预警体系完善、"怪潮"机理研究深化等方面对"怪潮"灾害的防治提出对策和建议，为从事海洋防灾减灾的工作者们提供决策咨询。

　　本书在开展研究区域精细化地形测量和精细化"怪潮"数值预报及灾害风险预警研究工作的基础上，推进了我国防灾减灾科技成果的业务化应用示范。本书每一项成果都凝聚了众多人的汗水与劳动。在此，我们要衷心感谢德高望重的恽才兴教授、秦曾灏教授等的老一代科学家对项目的悉心指导，衷心感谢为项目成果付出了艰辛劳动、奉献了真知灼见的潘增弟研究员，衷心感谢对项目研究提供了大力支持和无私帮助的陆培东研究员；感谢在项目执行过程中、在海外调查中、在监测体系建设中、在实验室内分析测试中、在文稿的编辑出版中付出劳动而在本书中未曾提及的"幕后"同志。《苏北浅滩"怪潮"灾害监测预警技术示范研究》涉及诸多学科领域，受时间、条件和水平所限，书中难免有不当之处，恳盼指正。

刘树锋

目次

6 综合信息服务平台

7 辅助决策系统

8 "怪潮"灾害防治建议

1 绪 论

1.1 "怪潮"孕育环境基本特征

1.1.1 地形特征

苏北浅滩辐射沙脊洲位于南黄海中南部,南北范围界于32°00′—33°48′N,长达199.6 km,东西范围界于120°40′—122°10′E,宽达140 km,区域水深一般在0~25 m之间。沙洲以东台中部海岸的弶港为顶点,向北、东北、东和东南呈辐射状分布。其中低潮时出露的沙洲有70个,面积在0~1 000 m²以上的沙洲约50个。大型沙脊一般长100 km,宽10 km左右,脊槽相对高差10~15 m,最大高差可达30 m以上(陆培东)。沙洲海域海岸线呈SE—NW走向,近岸浅滩多为宽阔的粉砂淤泥质海滩,滩涂平缓宽阔,分布烂沙洋水道和小庙洪水道两大潮汐通道,此两条潮汐通道潮大流急,与外海水交换通畅,水深条件优越,是南通海港开发可供利用的深水通道。

辐射沙脊群北翼有4种地貌单元:浅滩、沙脊、潮流槽和潮流沙席。浅滩位于南黄海辐射沙脊群的根部,沙脊和潮流槽分布于广大地区,潮流沙席分布在宽展的潮流槽末端。地形倾角一般为0°~31.8°,平均5.3°。分布最广的是倾角小于5°的地形区,倾角不低于20°的地形区仅在局部分布。0°~5°平缓-微倾斜区,主要分布于北部潮流沙席、沙脊顶部与潮流槽中部;5°~10°的缓倾斜区分布在脊、槽转换处和脊顶面向斜坡转换处;不低于10°的倾斜区,分布在沙脊斜坡处。

1.1.2 气候特征

南黄海辐射沙脊群地处温暖带季风区,海洋性气候,但受大陆性气候影响也较为严重。

冬季在大陆冷高压控制下,西风带的东亚大槽稳定在东南沿海,本区处于槽后,盛行西北风,气候寒冷干燥。每当强冷空气南下,常出现大风、降温,形成雨雾天气。

春季环流性质逐渐变化，大陆高压逐渐减弱，海上东亚大槽西移，太平洋副热带高压逐渐西伸，本海区处于南北气流消长不定的状况中，多降雨和气旋活动。天气乍暖乍寒，复杂多变，云雨比冬季增加。海区的北部，气温回升较慢，雾多、日照少，常有春寒。

夏季西风带北移，西风槽变迁，西太平洋副热带高压增强，向西、北推进，脊线逐渐稳定在20°—25°N，冷暖空气交会于江淮流域，本海区进入梅雨季节。当副热带高压脊线向北推进至20°N或更北，本区受单一的副热带高压控制，盛行东南季风，雨季结束，进入盛夏，天气晴朗少雨，常为高温伏旱天气。

秋季副热带高压逐渐向东撤离，大陆冷高压开始加强，在东南沿海逐渐形成大槽，引导冷空气分股南下，副热带高压逐渐退居到西北太平洋洋面，本海域处于西风带的脊前槽后，天气稳定，多为晴空万里的秋高气爽天气。以后随着副热带高压东撤与大陆冷高压加强，东亚大槽的逐渐形成，引导冷空气一次次南下，气温下降，冬季环流逐渐建立，本海域受大陆冷高压控制，多为晴冷天气。

1.1.3 水动力特征

辐射沙洲是一特殊的潮汐环境。来自东南方向的太平洋前进波与来自西北方向由山东半岛、朝鲜半岛反射形成的南黄海旋转驻波在此幅合，形成了辐射状的潮流流场，能量集聚结果使该海域潮差大、潮流强。

1.1.3.1 潮汐

辐射沙洲海域属正规半日潮。该海域分潮振幅的比值 $(H_{K1}+H_{O1})/H_{M2}$，除北部小部分区域大于0.5，属不正规半日潮外，其余地区比值均小于0.5，属正规半日潮。受沙洲和近岸的影响，浅海分潮显著。以弶港为例，M_4分潮振幅值为37.0 cm，M_{S4}分潮振幅值为24.3 cm，浅海分潮流振幅值较大（见图1-1）。

潮差大。辐射沙洲是我国著名的大潮差、强潮流地区，平均潮差4.6 m，最大潮差可达9.28 m（见图1-2）。外海潮波沿潮汐通道向内传播过程中，受沙脊地形影响存在潮波变形现象，自外海向近岸潮位越来越高，潮差也越来越大。

潮时变化是以弶港为中心，北部海域高潮发生时间是从北向南推进，南部则相反，弶港最后发生高潮。

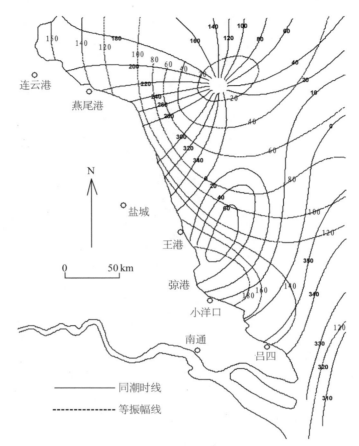

图1-1 江苏岸外M_2分潮等值线图

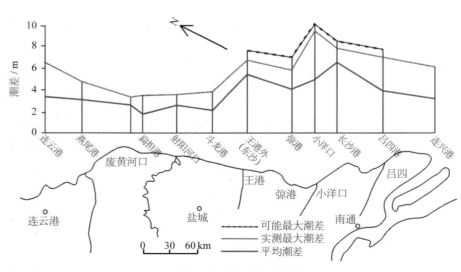

图1-2 江苏沿海潮差分布

1.1.3.2 潮流

沙洲海域（$W_{O1}+W_{K1}$）/W_{M2}比值均小于0.50，属正规半日潮流。但由于浅海摩擦效应影响，W_{M4}和W_{MS4}均较大，其W_{M4}/W_{M2}值多数大于0.10，浅水分潮明显。

潮流运动形式为明显的往复流，其中以吕四、小洋口外的脊间水道以及东沙西侧（西洋）往复性最强，主流方向与岸线或沟槽走向一致。流矢旋转方向大多为顺时针方向旋转，上、下层旋转方向比较一致。但在沙脊群西侧，如吕四、小洋口外及斗港以南水域，在地形等因素影响下，有逆时针方向旋转现象，上、下层旋转方向也不一致。

该海域整个区域为强潮区。北部海域平均大潮流速1.5 m/s以上，主流方向与岸线平行。在王港外涨潮流平均流速达1.9 m/s，落潮流平均流速1.8 m/s。琼港以南至如东长沙镇岸外，平均大潮流速为1.5 m/s，潮流的主流方向与潮流通道方向一致。小洋口岸外涨落潮流流速均可达1.8 m/s。再向南自长沙镇岸外至长江口，平均大潮流速1.4 m/s，主流方向多为NW—SE。吕四小庙洪潮流通道，涨潮流流速均大，曾记录到4.0 m/s以上的流速。

由于浅海分潮显著，潮流日不等现象较为显著。蒋家沙以北，若以毛竹为界，西侧大多为涨大于落，涨、落潮历时差最大3 h以上；东侧涨大于落，也有落大于涨的现象。蒋家沙以南，沙脊东部流速大多为落大于涨，西部则主要涨大于落。沙脊间的沟槽涨、落潮历时变化较为复杂，无明显的规律性。

1.1.3.3 含沙量和泥沙流

在辐射沙脊群区，浅水风浪掀沙作用和沙脊之间潮流冲刷作用，水体含沙量较大。海水含沙量分布的特点是，近岸含沙量高，向海逐渐降低。潮滩上含沙量与流速相关，随流速的升降而增减，最大含沙量在涨潮过程中的最大流速时出现。在水深较浅，地形复杂的海域，含沙量较高，反之则低。

沙脊群北部区域，夏季水体含沙量在0.1～0.2 g/L以上，冬季在0.3～0.5 g/L以上。而靠近岸边，水动力作用强，岸边松散沉积物丰富，致使海水垂线平均含沙量高达1.0～2.5 g/L（新洋港、王港）。在琼港区域，受两列潮波辐合及涌潮共同作用，含沙量可达1.05～3.0 g/L，特别是涌潮过后，可达6.6 g/L。沙脊群南部水体含沙量逐渐降低，小洋口外为0.4～1.3 g/L，吕四小庙洪为0.2～0.7 g/L。以上数据是夏季大潮汐测得的，一般小潮汛的含沙量仅为大潮汛的1/2。而冬季含沙量普遍高于夏季。

辐射沙洲沿岸的泥沙流有以下几类。

1）废黄河口向南的泥沙流

废黄河口以南、条子泥以北，潮流由北向南，东北向风浪作用强。从废黄河口至射阳河口海底侵蚀，海岸后退，为泥沙的供给地。从射阳河口至新洋港口，海岸稳定，海底轻微侵蚀，泥沙运动基本属收支平衡状态。从新洋港口至梁垛河闸，海岸与海底迅速淤长，为泥沙堆积区，这一带的河口沙嘴多转向东南，证明泥沙基本上是自北向南搬运。

2）长沙向西的泥沙流

在小洋口，深槽为潮波幅合区，因受东北常风影响，正常潮位为本区最高。夏季受台风影响，潮能作用更强，外海携带物质沿小洋口深槽向湾顶堆积。

3）北坎南下的泥沙流

在向南搬运过程中一部分在川腰港沉积，一部分在吕四一带接受岸滩冲刷物质。在潮流作用下，绕过蒿枝港继续南下，进入长江口北部沉积。冷家沙沙脊线指向东南，塘芦港外地老鼠沙逐年向南移，这都是泥沙流南下的证据。

1.2 "怪潮"基本特征及危害

苏北浅滩区域海水从外海流入潮流水道或从大潮流水道流入滩涂区域鞍形浅潮流水道（俗称"马腰"）的过程中，受辐合沙洲地形影响，在潮流水道里形成海水堆积，当海水堆积速度过快，超出某一限度时，极易引起局地海流流速急增、水位急涨现象。该现象称为"怪潮"。

南黄海辐射沙洲海域滩涂宽阔，潮滩区泥沙主要为粒径约0.1 mm的粉质砂或细砂，俗称"铁板砂"，在未发生液化的情况下，滩面可行走拖拉机。退潮时乘拖拉机至中、低潮附近的养殖区作业，涨潮时撤回，是多年形成的主要生产作业方式。由于该海域潮大流急，在涨潮阶段，当潮位涨至中水位时有一个潮位迅速升高的过程，在20 min内水位可上涨近1 m，而此时正是滩涂养殖作业区滩面开始过水的时刻，潮流流速迅速增大，如果滩涂作业人员没有及时撤回，容易被急剧上涌的潮水和巨大流速的潮流吞没。由于外围沙洲被淹没，掩护作用明显减弱，波浪也显著增大，尤其在出现向岸风的情况下，沿海发生增水现象，潮时相应提前，这期间的"怪潮"更为明显，往往成为诱发海难事故的重要自然因素。

据南通市海洋与渔业局的官方数据，目前在南通沿海从事滩涂养殖业的从业人员达40余万人，每个"赶海"作业过程平均有6 000～8 000人工作在激流"怪潮"事故频发的危险地带。据统计，这种"赶海"作业过程，由于激流"怪潮"所引发的海难事故频繁发生。1959年3月25日特大激流"怪潮"灾害引发海难事故，一次死亡1 300余人；1998—2008年的11年间，共发生53起海难事故，死亡（或失踪）149人，其中死亡人数5人以上的严重海难事故达13起，10人以上的重大海难事故达6起（见图1-3和表1-1）。

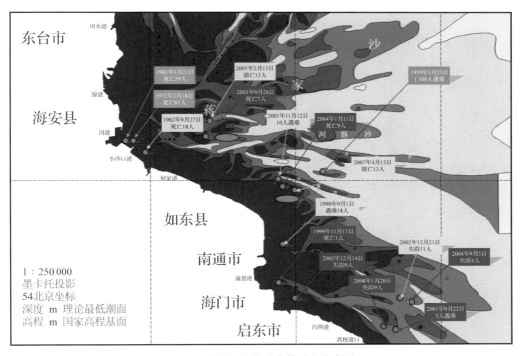

图1-3　苏北沿海海难事故时空分布图

表1-1　南通市主要渔业安全生产事故统计

序号	年度	时间	等级	事故原因	船号	事故地点	死亡人数	沉船数
1	1959	3月25日	特大	养殖作业不当	—	如东原太阳沙外海域	1 300	
2	1962	9月27日	特大	养殖作业不当	—	如东原洋口农场外滩涂	18	
3	1972	2月18日	特大	养殖作业不当	—	如东原北渔公社外滩涂	61	
4	1983	11月21日	特大	养殖作业不当	—	如东原北渔公社外滩涂	59	
5	1990	9月1日	特大	养殖作业不当	—	如东原东凌乡外滩涂	18	

续表

序号	年度	时间	等级	事故原因	船号	事故地点	死亡人数	沉船数
6	1996	2月2日	特大	搁浅	苏启渔3126	不详	13	1
7		9月29日	一般	搁浅	苏启渔3115	不详		1
8	1997	4月12日	一般	火灾	苏启渔3119	不详	2	
9		3月18日	一般	风灾	苏启渔8501	不详		1
10		3月20日	一般	风灾	苏启渔1416	不详		2
11		3月20日	一般	风灾	苏启渔8477	不详		
12	1998	5月24日	一般	风灾	苏启渔1114 苏启渔8685	不详		2
13		6月1日	特大	风灾	苏启渔3608	不详	12	1
14		6月26日	一般	搁浅	苏启渔8659	不详		1
15		1月2日	一般	风灾	苏启渔01322	不详		1
16		1月15日	一般	触损	苏启渔07906	不详		1
17		1月18日	一般	搁浅	苏启渔01221	不详		1
18		5月3日	一般	火灾	苏启渔02219	不详		
19	1999	6月11日	一般	其他	苏启渔01402	不详		1
20		6月14日	一般	其他	苏启渔04118	不详	1	
21		11月11日	一般	风灾	苏启渔01307	不详		1
22		11月25日	一般	风灾	苏启渔02506	不详		1
23		3月19日	一般	风灾	苏启渔01523	不详		1
24	2000	4月10日	一般	风灾	苏启渔01113	不详		1
25		4月10日	重大	搁浅	苏启渔08614	不详	8	1

序号	年度	时间	等级	事故原因	船号	事故地点	死亡人数	沉船数
26	2000	6月3日	一般	风灾	苏启渔01125	不详		1
27		7月12日	一般	火灾	苏启渔07803	不详		
28		10月12日	一般	碰撞	苏启渔03016	不详		1
29		10月13日	一般	其他	苏启渔03613	不详	1	
30		10月26日	重大	其他	苏启渔04826	不详	4	
31		10月31日	一般	其他	苏启渔01204	不详		1
32		11月16日	一般	风灾	苏启渔08601	不详		1
33		11月17日	一般	其他	苏启渔04216	不详	1	
34		11月30日	一般	搁浅	苏启渔01122	不详		
35		12月23日	重大	碰撞	苏启渔03127	不详	9	1
36	2001	9月22日	重大	养殖作业不当	—	启东瀛鹤海藻公司东元滩涂	5	
37		11月12日	特大	养殖作业不当	—	如东长沙镇"肉饼沙"滩涂附近	10	
38	2002	4月4日	一般	碰撞	苏海门渔01910	不详		
39		4月4日	一般	碰撞	苏海门渔08118			
40		10月19日	重大	风灾	苏启渔04859	不详	5	1
41		10月19日	一般	风灾	苏启渔15052	不详	2	1
42		10月19日	一般	风灾	苏启渔04447	不详		1
43		10月19日	一般	风灾	苏启渔04508	不详		1
44		12月21日	特大	涌浪	苏启渔02122	不详	11	1

续表

序号	年度	时间	等级	事故原因	船号	事故地点	死亡人数	沉船数
45		2月1日	一般	其他	苏南渔18695	不详	1	
46	2003	9月15日	一般	被船撞沉	苏启渔03226	不详		1
47		9月26日	重大	养殖作业不当	—	如东苴镇外海滩涂	7	
48		1月11日	重大	养殖作业不当	—	如东长沙镇东北尖紫菜养殖场	9	
49		8月29日	一般	风灾	苏启渔04333	不详		1
50	2004	9月5日	重大	风灾	苏启渔07972	不详	3	1
51		9月5日	一般	风灾	苏启渔12015	不详	1	
52		9月5日	一般	风灾	苏启渔12069	不详	1	1
53		5月12日	特大	涌浪	苏海安渔养301	不详	13	
54	2005	5月20日	一般	落水失踪	苏启渔04480	不详	1	
55		12月14日	重大	翻船	苏海门渔03002	启东黄海滩涂公司外海	9	1
56		11月17日	重大	风灾	苏启渔16193	不详	4	1
57	2006	12月27日	一般	搁浅	苏海门渔06127	不详		1
58		3月5日	一般	风灾	苏启渔01260	不详	2	1
59	2007	4月15日	特大	养殖作业不当	—	如东县长沙镇外滩涂	19	
60		11月12日	一般	涌浪	苏海门渔06127	不详		1
61	2008	1月20日	重大	风灾	苏海安渔00243	不详	9	

序号	年度	时间	等级	事故原因	船号	事故地点	死亡人数	沉船数
62	2009	1月7日	一般	风灾	苏启渔12071	不详	1	1
63		1月14日	一般	其他	苏海门渔1704	不详	1	1
64	2010	9月16日	一般	翻船	苏启渔01128	不详	1	1
合　计							1 623	37

注：以上统计主要为涉及自然灾害引发的事故，其他与商船碰撞、自身操作不当失误等引发的事故未统计在内。

2007年4月15日傍晚，如东县一紫菜养殖户作业的两部拖拉机没有在正常收工时间返回，且由于超载，拖拉机尚未起步就陷入沙滩抛锚，另一部拖拉机前去施救过程中也同样遇险。20时许，3部拖拉机21名人员即被上涌的潮水吞没。虽然拖拉机遇险处附近逾200 m有海洋部门设置的救助浮阀，但险情发生后无一人身穿救生衣，惊慌失措中也没有选择正确的逃生途径，夜幕中仅2人逃至浮阀生还。现场调查发现，3部拖拉机先后抛锚的位置均在理论最低潮面2～3 m的潮间浅滩。近年来，该海域在自然状况下处于淤积环境，洋面上有4～9 cm的稀软淤泥。虽然该新淤的淤泥厚度不超过10 cm，但一定程度上增加了拖拉机途中陷车抛锚的几率。同时，由于承载拖拉机通行的"铁板沙"容易液化，拖拉机陷沙后重新发动、推拖过程中的晃动又致使其越陷越深。

频发的海难事故背后都潜藏着"怪潮"的身影。每次海难事故也大多归咎于出现了"怪潮"。南通沿海的渔民，尤其从事滩涂养殖的渔民对所谓的"怪潮"刻骨铭心。中国科学院院士、南京大学教授王颖认为，近年来，随着全球变暖、极端气候事件频发以及沿海经济的快速发展，南通沿海出现"怪潮"的几率有增加趋势。

1.3　国内外相关技术研究现状及发展趋势

根据文献资料，专家学者对苏北浅滩的技术研究，主要局限于对浅滩冲淤演变动态的探索，而对激流"怪潮"灾害的研究近于空白。

1.3.1 国内外激流"怪潮"机理研究进展

何为激流"怪潮"？最早指出海洋中存在激流的是美国伍兹霍尔海洋研究所（Woods Hode Oceanographic Institution）海洋地质学家Hollister。他早年在分析大洋海底岩芯时发现有波状结构，认为这种波状结构是由于在远古时代的高速海水流动的作用所致，于是提出了一个大胆的假说，认为大洋海底存在着海底激流（又称海底风暴），并于1963年在美国旧金山召开的国际大地测量和地球物理学联合会（IUGG）会议上提出了这个假说。遗憾的是在这次会议上这个假说并未引起人们的注意，甚至被指责是"一派胡言"。进入20世纪80年代后，人们发现当大西洋的飓风袭击美国东海岸时，安放在深水之中的科学仪器和海底电缆往往被冲毁，此时Hollister海底激流假说才被人们接受。

在我国，早在1958年全国海洋普查时就曾多次观测到突发性的异常高速流动，由于当时使用的是人工操作的Ekman海流计，每当观测到异常高速流动而立即进行重测时，流动又恢复了正常状态。因此，人们对此往往怀疑是仪器操作有误而不予理睬。修日晨等对这些海流异常观测记录进行了分析研究，又根据对海军等航运部门的调访，于1978年提出了推测，认为不论在大洋或近海，均存在着这样一种"急流"；该急流的流速可高达2.0～2.5 m/s，有的甚至可高达4.0 m/s，持续时间是短暂的，一般仅持续10～20 min。

进入20世纪80年代以来，由于使用了先进的自记海流计，在黄河口海区、苏北浅滩水道等海区皆曾观测到这种"急流"。1980年江苏省科委组织了多方力量，进行了冬、夏季测点一昼夜的海流连续调查，获得了宝贵的实测资料。通过对资料的分析，发现激流现象有12次之多，为研究该区的激流提供了重要的实测资料依据。1995年4月15日至5月9日，修日晨等在渤海的煌岛海区选点进行持续24天观测，在24天中，共观测到23次激流，其中有5天每天出现2次激流，流速高达2 m/s以上者有3次，超过1 m/s者有15次之多，最大者为3.18 m/s。2001年6月，刘爱菊等在东沙以西的西洋内布设3个测流点，使用安德拉海流计，进行了激流调查，观测持续1～2个昼夜，结果1个测站未观测到激流，1个测站获得1次激流，持续时间为35 min，1个测站测得2次激流，每次激流持续时间均为20 min左右。2001年，国家海洋局第一海洋研究所的修日晨研究员带领课题组，在江苏如东县海区苏北浅滩潮流幅合区的弶港沿海滩槽地带进行了"海底激流"专题调查，终于观测到了流速高达4.95 m/s的高速激流。尽管激流"怪潮"的成因还未被揭开，但"激流"的存在已得到证实。

1.3.2　苏北浅滩"怪潮"灾害监测预警体系发展现状

苏北浅滩属浅海淤长型滩涂，地形地貌特殊，大小脊槽密布，纵横交错。在受东海前进潮波、黄海旋转潮波和苏北沿岸流的共同作用下，海况极为复杂。在某些海洋与气象条件和其他不明自然因素吻合的情况下，会形成湍流潮涌，造成异常潮汐。现有的海洋监测和预报技术与手段还难以对其进行及时、准确的预测。长期以来，由于受浅滩特殊地形限制，该海域在海洋环境安全保障体系方面发展相对缓慢，海洋环境预警报方面基本上是空白。主要表现在以下方面。

1）岸基观测站数量严重不足

南黄海浅滩沿海只建有1个业务化运行的吕四海洋观测站，该站主要开展气象观测，尚未开展对浪、流等重点要素的观测；而在"怪潮"灾害多发区的监测体系则为空白。

2）缺乏高精度地形测量数据

独特的地貌特征，复杂的水动力影响，导致目前国内缺乏浅滩区域高精度精细化地形高程基础数据，目前仅能收集到国家908项目的1∶100 000和1∶50 000的地形测量数据，没有苏北浅滩区域的更精细化地形测量资料。

3）"怪潮"发生机理有待进一步探讨

"怪潮"现象为小尺度水动力过程，目前的了解主要限于对已有海难事故的描述，缺乏海洋灾害期间同步的气象、水文要素资料，难以进行系统、深入的对比分析研究。

4）尚未建立精细化预警报体系

在理论基础领域，目前已有的研究，主要针对地貌演变方面，由于没有精细化的地形资料以及有效的连续观测数据资料，因而无法进行有效的数值预报模式的研制与应用。

5）落后的通信技术

通信技术也大为落后，影响了灾害数据的传输与共享。

6）技术体系不健全

在海洋灾害应急反应决策技术支持方面还没有形成支持体系，更无法与我国相对发达的沿海地区相比。

2009年国家海洋局东海预报中心经过充分调研，在国家海洋局大力支持下，联合东海信息中心、上海交通大学等9家单位申报"苏北浅滩'怪潮'灾害监测预警关键技术研究及示范应用"（200905014）海洋公益性行业科研专项经费项目。专项经过3年的建设研究，通过调查收集该区域"怪潮"灾害灾情、分析研究浅滩滩涂的演变过程，探索"怪潮"灾害的发生机理；分析研究南黄海沿海"怪潮"激流海难事故个例、背景资料，进行浅滩"怪潮"激流海洋灾害高风险区域划分；研制开发浅滩沿海高分辨三维流、浪、潮数值预报系统；同时，为弥补浅滩沿海观测预报能力在怪潮监测预警的严重不足，在浅滩沿海海难高发区域选取关键位置布设8个固定观测站点，建立南黄海沿海"怪潮"灾害监测体系；为满足共享和发布海洋灾害信息、实时观测数据信息、海洋预警报信息及辅助决策信息，通过视频监控系统、后台网络数据交换、数据库系统、监控与显示系统等软硬件建设，建立"怪潮"灾害综合信息服务平台，向沿海社会大众及政府决策部门提供相关预警报专项信息服务，实现项目成果的业务化运行，为江苏海洋经济发展、"怪潮"灾害应急预警提供安全保障服务。

2 地貌演变趋势分析

2.1 沙脊的形态及潮间带地貌特征

2.1.1 主要沙脊、潮流水道分布及形态

2.1.1.1 沙脊

苏北浅滩辐射沙脊群是在古黄河-古长江复合三角洲的基础上发育的大型潮流脊群，经潮流的长期冲刷塑造而成的。沿岸潮流脊群南北长约200 km，东西宽约90 km，由70多个大小沙体组成，并以弶港为顶端向外呈辐射状分布，各条沙脊高低不等，形态各异。整个沙脊群以蒋家沙为界，大致可分为南北两部分。北部诸沙脊，脊槽宽度和沙脊长度均较大，沙脊末端向北偏转；南部诸沙脊脊狭槽深，沙洲面积较小，沙脊规模比北部明显要小，沙脊尾端有向东南偏转趋势，但基本上呈顺直形态。沙脊群的横剖面，北部诸沙是西高东低，南部诸沙则西南高东北低。

沙脊之间有深槽相隔，深槽坡陡水深。多数沙脊的近岸部分在低潮位时出露，成为规模不等的沙洲。沙脊群呈褶扇状辐射向海，发育了10条较大型的沙脊，低潮时脊顶出露的沙脊有70个。大型沙脊一般长100 km，宽10 km左右，脊槽相对高差10～15 m，最大高差可达30 m以上。辐射沙脊群中呈扇骨状的主干沙脊约为21列，从北向南为：小阴沙、孤儿沙、亮月沙、东沙、太平沙、大北槽东沙、毛竹沙、外毛竹沙、元宝沙、竹根沙、苦水洋沙、蒋家沙、黄沙洋口沙、河豚沙、太阳沙、大洪梗子、火星沙、冷家沙、腰沙、乌尤沙、横沙等。分隔沙脊的潮流水道众多，大型通道的水深超过10 m，深度自海向陆递减。

大型沙脊低潮时全部或者部分出露的有6条。

1）竹根沙沙脊

位于王家槽东北，走向为NE。沙脊根部与岸滩相连，成条状且平行于潮流方向，其上有三块高于-4 m（理论深度基准面）的浅滩。

2）蒋家沙沙脊

位于苦水洋与黄沙洋之间，走向ENE，外部转向NNE。0 m以浅面积210 km²，西蒋家沙沙洲最大（125 km²，1979年与条子泥相连），另有沙洲1个，面积较大的有新泥、烂泥、巴巴垎、八仙角和牛角沙。蒋家沙是整个沙脊群中处于中间部位的一条沙脊。

3）河豚沙沙脊

位于黄沙洋与烂沙洋之间，走向SE，成对称坦峰的带状体，沿潮流通道两侧，受

往复潮流的作用，坡度较陡。其由两个小型沙脊组合而成。

4）太阳沙沙脊

位于黄沙洋与烂沙洋之间，走向SE，由几条小型沙脊组合而成，可以看做一个小的沙脊系。共有沙洲7个，其中茄儿杆子和西太阳沙较大。

5）冷家沙沙脊

位于烂沙洋与网仓洪之间，走向SSE。沙脊根部分与如东县岸滩相接，0 m以上有冷家沙和凳儿沙。

6）腰沙-乌龙沙脊

以如东岸滩为根的一个沙脊体系。走向ESE，沙脊主要部分与岸滩连为一体。0 m以上面积210 km²，除腰沙外，其余沙洲面积较小。

2.1.1.2　潮流水道

潮流通道有：西洋（西洋通道及西洋东通道）、小夹槽、小北槽、大北槽、陈家坞槽、草米树洋、苦水洋、黄沙洋、烂沙洋（大洪、小洪）、网仓洪、小庙洪等11条（见图2-1）。区域内水深-22.3～8.4 m，水深最大值位于烂沙洋西侧的小洪内，受地形因素影响，潮流冲刷明显；水深最小值位于小洋口港潮滩内。

主要的潮流通道有7条，分别为：江家坞东洋、王家槽、苦水洋、黄沙洋、烂沙洋（大洪、小洪）、网仓洪、大弯洪。

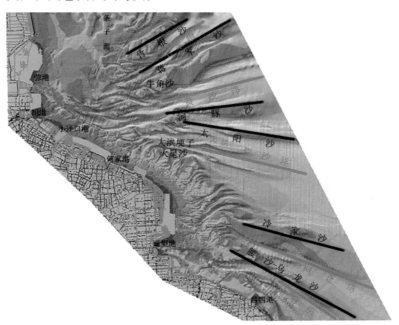

图2-1　研究区主要沙脊分布

2.1.1.3 "马腰"

在低潮位时倚岸型沙体与宽广的潮滩之间以水道（或称作潮流水道）相隔，在垂直于岸线的横断面上，滩面高程自陆向海发生由高到低、再由低到高的变化，把这种存在于倚岸型沙脊和宽广潮滩之间的负地形称作为"马腰"。在遥感影像提取的滩面水边线图中，独立沙体与潮滩以一纵向狭长水道相隔的地貌单元即为"马腰"（见图2-2）。

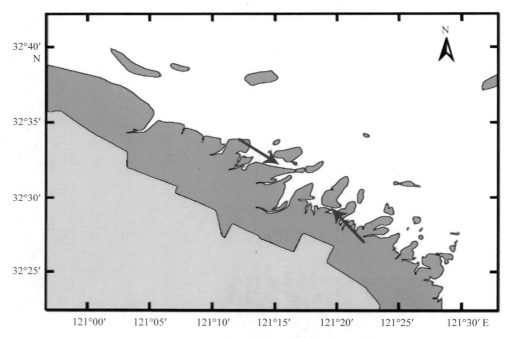

图2-2　2007年如东海区的滩面水边线（中潮时）

图中蓝色箭头标示的位置为"马腰"

2.1.2　典型剖面地形特征

典型剖面能直观反映海区主要地形单元及其形态在垂向上的特征。对于苏北浅滩，地形包括了苏北开敞式的淤泥质海岸带和江苏辐射状沙洲，考虑到区域的特殊地形，如潮间带、潮流沙脊等要素以及空间上分布的均匀性，并体现单波束勘测的最新成果，共选择了5条典型剖面，剖面位置见图2-3，其中3条剖面线基本垂直等深线走向，2条剖面线横贯辐射状沙洲。5幅剖面图垂向比例尺均为1∶100，剖面A、D水平比例尺均为1∶150 000，剖面B、C水平比例尺均为1∶75 000，剖面E水平比例尺为1∶50 000，采用AutoCAD成图。

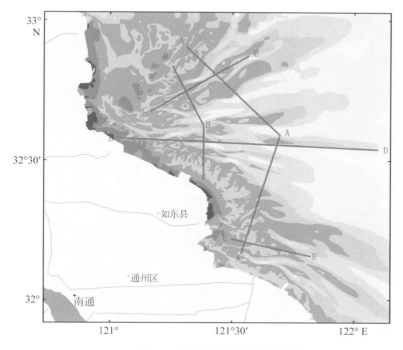

图2-3 苏北浅滩地形剖面位置图

2.1.2.1 A–A′–A″地形剖面

该剖面位于辐射状沙洲群内，起点A位于北条子泥西侧的江家坞东洋，A–A′走向为NW—SE，拐点A′位于河豚沙与太阳沙之间，A′–A″走向为NEN—SWS，终点A″位于吕四港北部近岸，剖面线以顺时针方向穿越江家坞东洋、竹根沙、王家槽、蒋家沙、黄沙洋、河豚沙、太阳沙、烂沙洋大洪、大洪埝子、火星沙、烂沙洋小洪、冷家沙、网仓洪、腰沙，全长100.9 km。地形剖面的形状见图2-4。剖面线在多个沙脊与潮流槽之间穿越，海底地形快速波动变化，脊槽相间形态非常明显，水深在5.3～21.6 m之间，剖面线上潮流冲刷槽与沙脊的详细信息见表2-1。

从剖面形态看，苦水洋、黄沙洋及烂沙洋大洪内冲刷较为明显，其上发育次一级的沙脊或沙波，槽内地形起伏波动较大，网仓洪、江家坞东洋及烂沙洋小洪内也有次一级的沙脊或沙波发育。黄沙洋、苦水洋、江家坞东洋、烂沙洋小洪及烂沙洋大洪槽内宽度较大，而网仓洪槽内较窄。沙脊中，脊顶高出水面的沙脊有竹根沙、腰沙、太阳沙和蒋家沙，竹根沙、蒋家沙、河豚沙、冷家沙和腰沙沙脊脊面较宽，且沙脊上有次一级沙纹发育，而大洪埝子、火星沙、太阳沙沙脊脊面较窄。

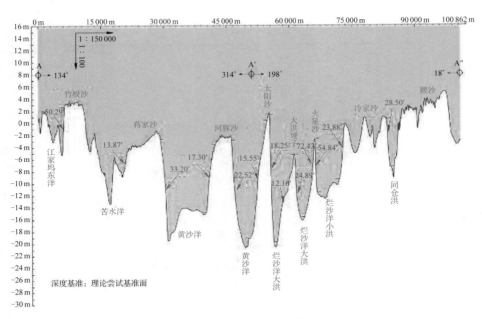

图2-4　A–A′–A″地形剖面

表2-1　剖面线穿越沙脊、冲刷槽信息统计表

序号	名称	类型	走向	槽底（脊顶）水深/m	坡度
	A	起点			
1	江家坞东沙	潮流冲刷槽	NE—SW	5.25	50.29′
2	竹根沙	潮流沙脊	NE—SW	-3.58	14.69′
3	苦水洋	潮流冲刷槽	NE—SW	13.48	13.87′
4	蒋家沙	潮流沙脊	ENE—WSW	3.20	33.2′
5	黄沙洋	潮流冲刷槽	W—E	19.47	17.30′
6	河豚沙	潮流沙脊	W—E	1.91	22.52′
7	黄沙洋	潮流冲刷槽	W—E	20.62	15.55′
8	太阳沙	潮流沙脊	W—E	-1.67	72.43′
9	烂沙洋大洪	潮流冲刷槽	WNW—ESE	20.48	24.89′
10	大洪埝子	潮流沙脊	WNW—ESE	5.17	18.25′
11	烂沙洋大洪	潮流冲刷槽	WNW—ESE	16.07	18.25′
12	火星沙	潮流沙脊	NW—SE	2.65	54.84′
13	烂沙洋小洪	潮流冲刷槽	NW—SE	12.50	23.88′
14	冷家沙	潮流沙脊	WNW—ESE	-1.03	28.50′
15	网仓洪	潮流冲刷槽	NW—SE	9.09	32.13′
16	腰沙	潮流沙脊	WNW—ESE	5.14	

2.1.2.2　B-B′-B″地形剖面

该剖面横跨辐射状沙洲底部，大体走向为N—S向，全长约48.1 km。剖面线穿越竹根沙、蒋家沙、八仙角、串珠状沙洲等沙脊和苏北开敞式的淤泥质海岸带，横跨黄沙洋和烂沙洋西侧。地形剖面的形状见图2-5。剖面线中部为潮流冲刷槽，两端为沙脊和苏北开敞式的淤泥质海岸带，脊槽形态明显，地形起伏较大。

该剖面可分为三个部分。

第一部分为黄沙洋以北，该部分剖面线穿越了竹根沙、蒋家沙、牛角沙和多条较浅的小型水道，沙脊水深均在0 m以上，潮流冲刷槽水深较浅，最深处仅有7.3 m，最大坡度为1°23.32′（位于蒋家沙北侧），该部分平均坡度约为50′，地形起伏较大，海底地形较为陡峭。

第二部分为黄沙洋与烂沙洋之间，沙洲将两条大型潮流冲刷槽分割。黄沙洋水深最大约为14.6 m，冲刷槽形态明显，整体成"W"形，冲刷槽中有次一级沙脊发育，次一级沙脊水深最小为7.1 m；黄沙洋与南侧沙洲高差约16 m，平均坡度为19.40′，陡峭处最大坡度达1°11.88′。中部沙洲水深最小为-1.8 m，脊面较窄。烂沙洋北侧地形较陡，平均坡度为38.42′，潮流冲刷槽形态非常明显，水深最大约14 m。

第三部分为烂沙洋以南，该部分穿越了苏北开敞式的淤泥质海岸带，有小型水道分布，水深变化较小但地形起伏波动较快，坡度最大处出现在淤泥质海岸带与烂沙洋交界处，为48.04′。

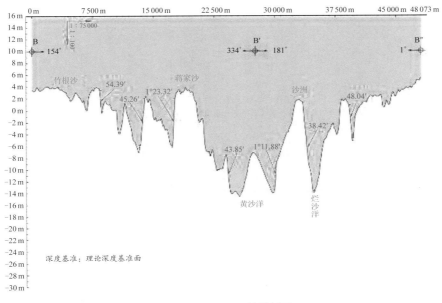

图2-5　B-B′-B″地形剖面

2.1.2.3 C—C′地形剖面

该剖面起始于苏北开敞式的淤泥质海岸带，走向为SW—NE向，全长约44 km，穿越了淤泥质海岸带、蒋家沙、王家槽。地形剖面的形状见图2-6。水深在-3.2～18.4 m之间，淤泥质海岸自岸向海，缓慢加深，平均坡度为4.74′，自距起点5.45 m处至淤泥质海岸带边缘，地形较为平坦，平均坡度仅有0.5′。剖面线穿过淤泥质海岸，有一潮流冲刷槽，槽宽为4 km，最大水深约为7.6 m，冲刷槽西侧地形较陡，坡度为42.47′。王家槽槽内冲刷明显，槽内波动较快但地形起伏较小，其西侧斜坡坡度为20.01′，槽内有次一级沙脊发育，王家槽西侧有一沙脊，沙脊上有次一级沙波发育。蒋家沙沙脊上有数个沙洲，剖面线穿越其中一个沙洲，水深最小约为-3 m。

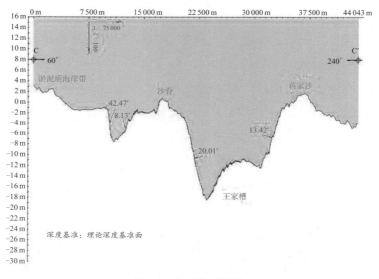

图2-6　C—C′地形剖面

2.1.2.4 D—D′地形剖面

该剖面位于江苏辐射状沙洲中部，由西向东贯穿整个测区，起点位于小洋口港西北4 km处，走向为W—E向，全长约100.9 km，地形剖面形状见图2-7。海底地形十分复杂，水深在-8.2～15.3 m之间，水深最浅处位于起点附近。该条剖面穿越了苏北开敞式的淤泥质海岸带，小洋港航道，潮流脊群的沙洲和太阳沙。剖面线起伏较大，脊、槽相间分布，从总体上看，槽间宽度东宽西窄，槽内地形起伏，背脊窄且略有起伏。小洋港附近的淤泥质海岸带多分布小型水道，该段剖面线波动快，但水深自岸向海增大，淤泥质海岸带带宽自小洋港向南递增。由于沙脊被水道分割，形成了面积较小的沙洲，该剖面线穿越3个沙洲，水深起伏较大，最大剖度为37.67′，高差达14.5 m。剖面线纵贯太阳沙沙脊，太阳沙脊顶水深约为0.7 m。由太阳沙脊面向海，水深缓慢增大，平均坡度为1′，其上发育有沙波。

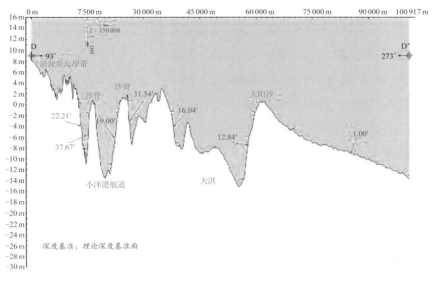

图2-7　D-D′地形剖面

2.1.2.5　E-E′地形剖面

该剖面位于腰沙中部，纵穿腰沙，穿至网仓洪西部，走向为WNW—ESE向，全长约30.9 km，地形剖面的形状见图2-8。腰沙可以看成以如东岸滩为根的一条沙脊体系，沙脊主要部分与岸滩连为一体。深水在-5.2～10.1 m之间，地形呈现向海倾斜状。腰沙地形较平坦，水深略有起伏，平均坡度为0.72′，其上发育有沙波。在距E点约17.4～20.1 km处，有一浅水潭，水深最大约为1.9 m，其潭间有次一级沙脊发育，平均坡度6.1′。腰沙与网仓洪交界处，地形变化较缓，平均坡度为6.60′。

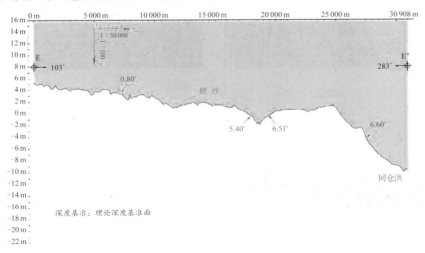

图2-8　E-E′地形剖面

2.1.3 潮间带地貌特征

辐射沙洲浅滩大体可分为以下4个沉积带,潮间带包括其后3类。

2.1.3.1 茅草与芦苇滩

位于大潮高潮位以上,高出大潮高潮线1 m左右,在特大风暴潮期间才有可能被淹没。在如东地区,由于修筑海堤和围垦的规模逐年扩大,使得自然环境下的茅草与芦苇滩环境几近消失,被改造的滩地用来种植棉花、玉米,或是成为工业用地(见图2-9a)。

2.1.3.2 盐蒿泥滩

又称高潮滩,位于大潮高潮位至平均高潮位之间。滩面周期性交替干湿,适合盐蒿生长(见图2-9b)。研究区滩地围垦不断向海推进,使得盐蒿的生长空间逐渐缩小,现在只能在海堤附近出露的滩地才能偶尔看到盐蒿。

2.1.3.3 泥–粉砂裸露滩

位于平均高潮位至小潮高潮位之间,低潮位期间潮水沟出露并与外海连通。由于引种大米草和互花米草,滩面淤高显著(见图2-9c)。

2.1.3.4 粉砂–细砂低潮滩

位于小潮高潮线与大潮低潮线之间,由于浸没时间过长而不生长高等开花植物。在研究区内,该区域成为文蛤和紫菜养殖的重要地段,在大潮的低潮位附近发育大面积的沙波(见图2-9d)。

图2-9　如东海岸研究区潮滩地貌类型

a.茅草与芦苇滩；b.盐蒿泥滩；c.泥–粉砂裸露滩（人工种植互花米草）；d.粉砂–细砂低潮滩

2.2 潮间带沉积速率分析

2.2.1 潮间带沉积物粒度特征

2.2.1.1 潮间带下部沙体沉积物粒度特征

潮间带下部沙体沉积物样品的粒度分析结果（见表2-2）表明，沙体上表层沉积物的平均粒径在1.9～2.4ϕ之间，以中砂为主，含少量细砂，不含泥质的细颗粒组分；沉积物分选系数绝大部分在0.4～0.5之间，分选性好；偏态系数0～0.1之间，粒度分布对称；峰态系数在0.94～0.97之间，为常峰态。因此，沙体表层沉积物的粒度分布表现为正态分布特征。

表2-2　潮间带下部沙体表层沉积物粒度参数

站位编号	地理坐标	平均粒径M_z/(ϕ)	分选系数σ_1	偏态系数S_k	峰态系数K_g	砂质含量/(%)
RD-I-08	32°30.201′N，121°20.371′E	2.045	0.455	0.009	0.956	100.0
RD-I-09	32°30.302′N，121°20.335′E	2.012	0.445	0.005	0.957	100.0
RD-I-10	32°30.410′N，121°20.315′E	2.218	0.549	0.021	0.945	100.0
RD-I-11	32°30.519′N，121°20.337′E	2.020	0.496	0.012	0.949	100.0
RD-I-12	32°30.621′N，121°20.382′E	2.194	0.454	0.009	0.959	100.0
RD-I-13	32°31.117′N，121°20.303′E	2.238	0.505	0.004	0.945	100.0
RD-I-14	32°31.171′N，121°20.188′E	2.317	0.452	0.006	0.953	100.0
RD-I-15	32°31.227′N，121°20.213′E	1.987	0.445	0.007	0.957	100.0
RD-I-16	32°31.297′N，121°20.230′E	2.078	0.409	0.010	0.961	100.0

2.2.1.2 潮流水道和"马腰"沉积物粒度特征

"马腰"地貌和潮流水道是潮滩上相对凹陷的负地形，两者在沉积物粒度方面具有相似的特征。大潮低潮位时在"马腰"两侧出露水面的滩面上采得的沉积物粒度参数见表2-3。潮流水道和"马腰"沉积物平均粒径介于2.2～2.7ϕ之间，相对于沙体表层沉积物偏细，以中砂和细砂为主，泥质含量极小，小于2%。沉积物分选系数介于0.48～0.70之间，分选性较好；偏态系数介于0.009～0.049之间，粒度呈对称分布；峰态系数介于0.93～0.97，为常峰态。

表2-3 潮流水道和"马腰"沉积物粒度参数

站位编号	地理坐标	平均粒径M_z /(ϕ)	分选系数σ_I	偏态系数S_k	峰态系数K_g	砂质含量 /(%)
RD-I-03	32°29.696′N，121°19.818′E	2.269	0.555	0.015	0.951	100.0
RD-I-04	32°29.859′N，121°20.140′E	2.260	0.499	0.011	0.940	100.0
RD-I-05	32°29.924′N，121°20.260′E	2.311	0.489	0.011	0.951	100.0
RD-I-06	32°29.996′N，121°20.357′E	2.693	0.622	0.049	0.967	97.6
RD-I-07	32°30.103′N，121°20.383′E	2.530	0.696	0.022	0.955	98.0
RD-I-17	32°31.062′N，121°20.119′E	2.328	0.544	0.014	0.930	100.0
RD-I-18	32°30.933′N，121°20.221′E	2.208	0.504	0.009	0.954	100.0
RD-I-19	32°30.660′N，121°20.689′E	2.305	0.506	0.009	0.952	100.0
RD-I-20	32°30.619′N，121°20.503′E	2.561	0.572	0.017	0.931	99.9

2.2.1.3 潮间带上部和盐沼沉积物粒度特征

底质采样获得的潮间带上部和盐沼表层沉积物的粒度参数见表2-4。7月和10月潮间带上部和盐沼表层沉积物粒度特征差别不大，平均粒径介于3.2～5.3ϕ之间，以砂质粉砂和粉砂质砂为主，含少量极细砂和中粉砂，泥质组分所占比例较大，最高可达80%左右。分选系数介于0.85～1.65，分选中等甚至差。偏态系数介于0.21～0.42，为细偏或极细偏，细颗粒组分所占比例较大。峰态系数介于1.2～1.7，为尖峰态，即沉积物粒径的集中程度高。

表2-4　潮间带上部和盐沼表层沉积物粒度参数

站位编号	平均粒径M_z/(Φ)		分选系数σ_I		偏态系数S_k		峰态系数K_g		砂质含量/(%)	
	7月	10月	7月	10月	7月	10月	7月	10月	7月	10月
S1	3.438	3.214	1.021	1.067	0.291	0.335	1.537	1.681	76.87	82.9
S2	4.399	4.033	1.330	1.252	0.254	0.268	1.440	1.319	38.17	52.97
S3	4.782	4.119	1.446	1.339	0.340	0.329	1.484	1.402	27.74	51.44
S4	5.227	4.329	1.632	1.338	0.412	0.309	1.265	1.442	20.45	42.47
S5	5.044	4.752	1.476	1.153	0.421	0.340	1.469	1.669	20.12	19.31
S6	4.025	3.466	1.291	0.883	0.367	0.247	1.594	1.486	55.95	77.91
S7	4.053	3.897	1.137	0.959	0.301	0.262	1.452	1.487	51.77	57.77
S8	3.837	4.011	1.114	0.990	0.337	0.260	1.447	1.417	62.79	52.45
S9	4.103	3.869	1.168	0.859	0.312	0.256	1.342	1.585	51.09	59.62
S10	4.270	3.661	1.130	0.909	0.236	0.249	1.512	1.453	39.7	69.36
S11	4.161	3.527	1.105	0.811	0.215	0.242	1.486	1.528	44.35	77.5

在潮间带上部和盐沼滩通过探槽剖面采样获得的沉积物，其砂-粉砂-黏土粒度分布三角图的结果见图2-10，沉积物属于砂质粉砂（sandy silt）与粉砂质砂（silty sand），这与底质表层沉积物的类型相似。不同探槽剖面由于其所处的沉积环境不同，剖面沉积物的组分比例与随深度变化的趋势有所不同。剖面RD01和RD04较靠近潮上带，其沉积物类型分布较为类似，以粉砂质砂为主；剖面RD03和RD02位于米草滩内部，其沉积物颗粒较细，粉砂所占比例较砂高。图2-11显示，潮间带上部和盐沼滩沉积物的平均粒径为3.2～6.1ϕ，主要集中在3.5～5.0ϕ，为极细砂和极粗粉砂的混合物。从垂向上看，随深度的增加沉积物平均粒径（ϕ制）逐渐减小，即沉积物颗粒逐渐增大，这在剖面RD01和RD04中较为显著。

潮滩沉积物的分选系数介于1.0～1.6，属中等或差等分选，即沉积物粒径分布集中程度低，粒径差异较大的颗粒混杂在一起。据图2-12显示的沉积物粒度分选分布，剖面深部沉积物分选性较为稳定，而上部不同层位之间波动较大，这可能与采样间距、沉积速率以及当时的沉积环境有关。采样间距越大，沉积速率越小，样品中混合的泥层和砂层越多，分选性则较差。潮汐的涨落使得滩面间断性出露，沉积物还未被分选而沉降，则分选性也可能较差；而在强水动力条件下，沉积物输运方式的不同引起沉积物的分选，则分选性相对较好。对比沉积物的平均粒径和分选系数的分布图，不难发现两者具有较好的对应关系：沉积物平均粒径越大，分选系数越小，即沉积物的分选性越好。观察4个探槽剖面的深部分选分布，发现分选系数（φ制）维持在1.2，则可将该值视为正常潮滩沉积的分选系数，称为潮滩背景分选系数。而偏离背景分选系数的层位，受非常态外动力所致。

沉积物的偏态数可用于判别分布的对称性，并指示平均粒径与中值粒径的相对位置。潮滩沉积物样品的偏态数均小于1.0（φ制），表明沉积物粗偏，平均粒径向中值粒径的较粗方向移动。沉积物的偏态数也表征沉积物的组成分布，粗偏表明砂质含量较大而黏土含量较小（见图2-13）。

观察发现，探槽剖面峰态数分布与分选性分布有较好的相似性（见图2-14）。峰态数波动较小的层位其值稳定在1.5，表明频率曲线尖锐，沉积物中单一物源占优势，可将此值视为潮滩背景峰态数。峰态数越小，表明沉积物来源越多样化，且直接混合未经改造（王颖，朱大奎，1994）。

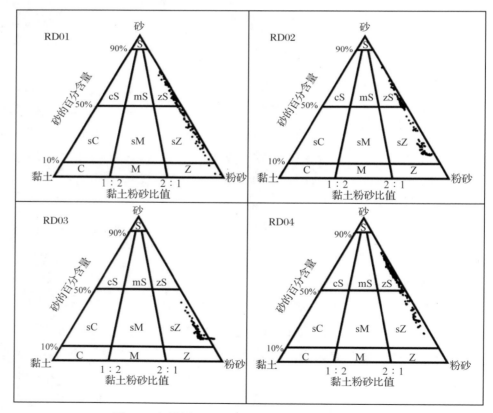

图2-10　探槽剖面沉积物砂-粉砂-黏土粒度分布三角图

S：砂；zS：粉砂质砂；mS：泥质砂；cS：黏土质砂；sZ：砂质粉砂；sM：砂质泥；sC：砂质黏土；Z：粉砂；M：泥；C：黏土

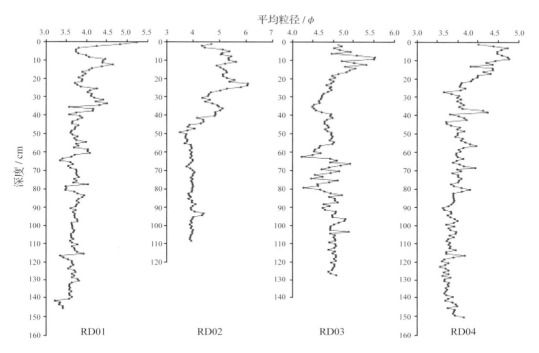

图2-11 探槽剖面沉积物平均粒径分布

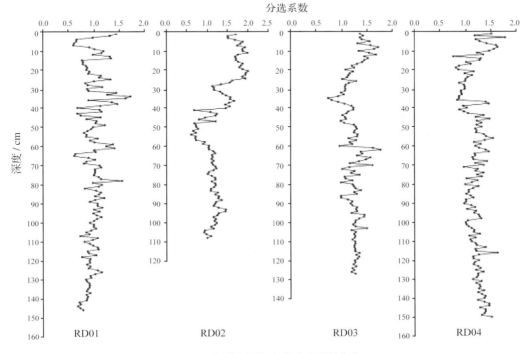

图2-12 探槽剖面沉积物分选系数分布

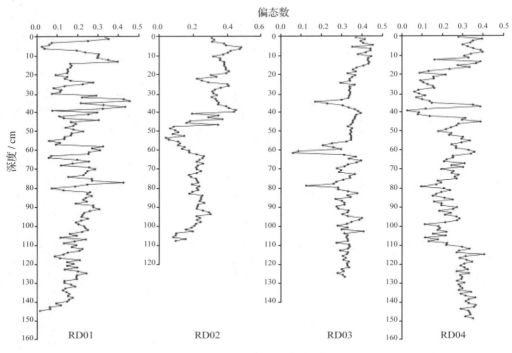

图2-13 探槽剖面沉积物偏态数分布

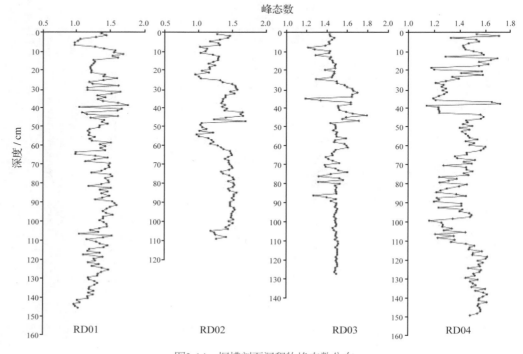

图2-14 探槽剖面沉积物峰态数分布

2.2.1.4　与正常潮滩环境沉积物的对比

正常潮滩沉积环境下，由于底床摩擦作用和自海向陆水深逐渐变浅，水动力在近岸逐渐耗能而使其挟沙能力减弱，粗颗粒物质在远岸端沉降堆积而在潮滩上部仅堆积细颗粒物质，即自海向陆沉积物粒径逐渐变小。若细颗粒沉积物供应丰富，潮滩上部不断堆积细颗粒物质而使得其高程逐渐增大，水深不断减小；同时，潮滩所在潮位线不断向海推进，后续的细颗粒物质不断堆积在底层的较粗物质上。经过较长时间，潮滩沉积物在垂向上呈现自下而上逐渐变细的趋势。

探槽剖面的沉积物粒度垂向分布特征（自下而上逐渐变细）表现为潮滩缓慢向海淤进，这与具有丰富细颗粒物质供应的正常潮滩环境下沉积物的粒度分布特征相一致。但是，剖面RD02的平均粒径分布可分为上下两部分，上部（深度小于50 cm）沉积物颗粒较细，平均粒径为4.9ϕ，而下部（深度大于50 cm）沉积物颗粒普遍较粗，平均粒径为3.9ϕ。在深度50 cm位置上存在突变界面，可能与沉积环境的水动力减弱或物源的改变有关。从单一剖面来看，在不同深度层位存在平均粒径异常峰值点，即异常峰值点所在层位沉积物粒径比相邻上下层位的粗（或细），则可将这些层位视为事件沉积层。

对比沙体表层沉积物和相邻潮水沟、"马腰"沉积物的粒度特征发现，沙体出露水面高程较高，但其沉积物比潮水沟与"马腰"的沉积物粗得多。一般而言，潮水沟与"马腰"属于潮滩上的负地形，在涨、落潮期间其水深比滩面大，水动力较滩面强，尤其在落潮期间，在滩面归槽水的作用下，潮水沟中的流速比滩面大得多，这与潮水沟形态、滩面水深有关。潮水沟中的沉积物比滩面沉积物粗，这与实际观测的结果相一致，即潮水沟中沉积物平均粒径（2.2~2.7ϕ）比潮间带上部和盐沼滩沉积物平均粒径（3.2~5.3ϕ）大。因此，可推断沙体沉积物并非潮间带下部沉积物由往复潮流的冲刷而在原地堆积形成。

2.2.2　潮间带沉积速率

2.2.2.1　^{210}Pb测定的沉积速率

由于如东潮滩与东台条子泥地区相距不远，且两地具有相似的沉积环境特征（沉积动力条件、沉积物粒径、沉积物来源、气候状况等），沉积物黏土含量均小于5%。因此，条子泥地区的^{210}Pb本底值0.67 dpm/g具有借鉴价值（Zhang，Chen，1992；王爱军等，2006）。通过深度-^{210}Pb与过剩比活度（Depth-^{210}Pb）的线性拟合结果见图2-15。图2-15a为深度与过剩比活度的线性拟合结果，图2-15b为对深度-过剩比活度的自然对数（Depth-ln^{210}Pb$_{ex}$）的线性拟合结果，由此得到斜率$b=-0.008\,49$；代入计算得到沉积速率为3.6 cm/a。

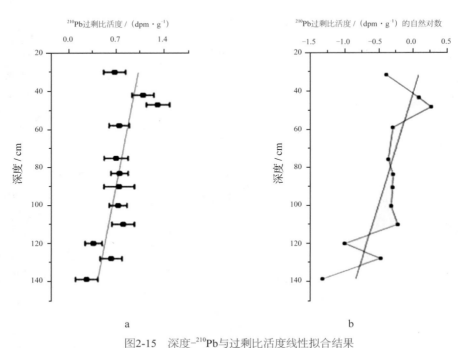

a   b

图2-15　深度–²¹⁰Pb与过剩比活度线性拟合结果

a. 深度–²¹⁰Pb线性拟合结果，截距和斜率的标准差分别为0.123 94与0.001 33，说明拟合结果较好；

b. 深度–ln²¹⁰Pb$_{ex}$线性拟合结果，斜率$b=-0.008\,49$。

2.2.2.2　盐沼植物植株形态指示的沉积速率

基于hN值在一定区域内为稳定值的假设，利用植株形态数据hN和hO值来估算沉积速率，hO值和hN值的差值代表了从最老植株存活的那一年至现在的沉积厚度。通过用最老植株的年龄除沉积厚度，计算得到该区域的年平均沉积速率RD：

$$RD = (\text{Holdest} - \text{Hnew}) / \text{植株年龄}$$

表2-5　江苏如东互花米草植株形态参数统计结果与夏、秋变化

站位	时间	株高hA /cm	秋夏差值δ /cm	近地面直径d /cm	Δ /cm	新植株根茎分叉点到滩面距离hN /cm	秋夏差值δ /cm
R1	7月	47.67	76.79	0.67	−0.09	1.6	−0.4
	10月	124.46		0.58		1.2	
R2	7月	85.79	91.66	0.86	−0.18	4.4	−0.2
	10月	177.45		0.68		4.2	
R3	7月	54.86	44.95	0.83	−0.22	3.1	3.3
	10月	99.81		0.61		6.4	

站位R4的互花米草发展史很短，估计值为5年，而最老植株的根茎分叉点距离到现在滩面距离为19.5 cm，即hO为19.5 cm。考虑到R3站位hN统计结果为3.1 cm，而R3站位与R4站位距离仅约100 m，基于两者的水动力条件、沉积条件等环境条件都非常相似，因此，站位R4的互花米草植株hN值可取与R3站位相同值，即为3.1 cm。通过估算，可得站位R4的平均沉积速率为3.3 cm/a。

根据当地人介绍，卫海滩涂的互花米草生长历史为20余年。同时，文献资料表明在1993年以前江苏海岸的互花米草滩涂面积并不大，互花米草在1993—1999年期间迅速繁殖扩展，占领了江苏海岸大多数适合其生长的滩涂（张忍顺等，2005）。因此，可认为卫海滩涂的互花米草具有20年左右的生长历史。站位R2、R5位于卫海滩涂，两站位相距很近，自然环境条件相似，且站位R2的hN值为4.2 cm，则用站位R2的hN值代替站位R5的没有实际测量真实的hN值是可以接受的。另外站位R5的hO值为57 cm。假设在米草滩从快速淤积状态达到沉积平衡状态需要15年的时间，在达到沉积平衡稳定状态后的5年中，其平均沉积速率为3 mm/a（假设SPRS位置稳定，取hN变化量0.2 cm和夏秋两季R2站位高程参照系的变化量0.4 cm的平均值），这样我们得到在沉积状态达到平衡以前的年沉积速率平均值为 $[(57-4.2)-0.3\times5]/15 = 3.4$ cm/a。

以上两个结果与站位R4采集的沉积物样品进行^{210}Pb测年分析得到的结果3.6 cm/a形成良好对应，也与参照系（长满藤壶的互花米草主杆）的高程变化3.5 cm/a以及根据hN值7月初到10月末变化所估算的3.3 cm/a形成良好对应。

2.2.2.3 潮间带围垦历史指示的冲淤速率

最近30年来的围垦历史和潮滩目前的动态特征说明，辐射沙洲海岸确实是处于淤长状态，尽管其速率要小于江苏中部海岸。潮滩的淤长与岸外沉积物的搬运和重新分配有关，互花米草也起了促淤的作用。30年来，本区围垦了大片的土地，相当于每年岸线向海推进达到了10 m量级；与此同时，最新的海堤之外也留有较宽的互花米草盐沼，如研究区东部的互花米草滩宽度达1～2 km，整个潮间带的宽度一般有5～10 km，与30年前的状况一致。本区的岸线淤长速度较低，这可能与近于对称的涨落潮潮位曲线 [即时间-流速不对称较弱，（汪亚平等，2000）] 有关。如果潮间带的平均坡度为1/1 000（这是研究区的典型坡度量级），则其平均淤积速率为厘米量级，与潮滩上部的^{210}Pb测定的或盐沼植株形态指示的沉积速率相一致。

2.3 沙脊演变趋势分析

2.3.1 悬沙输运对沙洲动态的影响

悬移质运动也是沉积物输运的一种重要方式。在潮汐环境中，通常粒径小于0.08 mm的物质在流速超过临界值时就会进入悬浮状态，更粗的物质则随着粒径的增大，悬浮物质的比例逐渐减小。如东海岸的物质以砂质粉砂和粉砂质砂（其定义粒径为0.032～0.125 mm）为主，在强潮流作用下有很大比例的沉积物进入悬浮状态；对于潮间带自海向陆沉积物粒径逐渐减小，再悬浮作用更易于发生。

悬沙输运率是指单位时间内通过单位宽度的悬沙质量，其与垂向平均流速、悬沙浓度及水深的乘积成正比。根据悬浮通量公式（Ariathurai，1974），如东海岸在1 m/s的流速下，再悬浮通量可达1×10^{-4} kg/（m^2/s）量级。涨、落潮期间的较高流速持续时间可达1×10^4 s（约2～3 h），则可使潮间带浅水边界层中的悬沙浓度达到0.1 kg/m^3量级。

据洋口港资料显示，A4、A5两定点站位的潮差均在6 m以上，属强潮类型。A4站位单宽悬沙通量最大值为3.97 kg/（m^2/s），A5站位为5.82 kg/（m^2/s），均出现在落潮期间。因A5站的最大流速、最大悬沙浓度均较A4站大，故12.5 h内的悬沙输运率相应也较大。

根据2012年4月19—25日在如东海区17个定点站位大、中、小潮期间25 h的全潮同步观测数据，计算得到各站位的单宽悬沙输运率（潮周期封闭），见表2-6。总体上看，从小潮、中潮向大潮过渡，单宽净悬沙通量依次增大，输运方向也常有较大变化。小潮期间，单宽悬沙输运率在103～104 kg/m量级，以东向、偏东向输运为主。大潮期间，8、10、12～17号站的单宽悬沙输运率均达到105 kg/m量级，输运方向为西、西北向。

图2-16显示，小潮期间，悬沙沿水道向东输运；中朝和大潮期间，输运的量级迅速增大。中潮期间的输运有"南进北出"的趋势，即南部悬沙向西、西北方向输运，而北部沉积物向东（外海）输运，表明其输运与水量的不平衡输运有关。大潮期间，在7月ADCP观测断面1AB（121°32′E）位置处的悬沙输运均向东输运，与ADCP的观测结果一致，表明春季大潮的悬沙输运与夏季大潮似乎一致。断面以东较近处，悬沙主要向东输运，而较远处则向西输运。断面以西悬沙主要向西和西北输运，局部向偏

东方向输运。这与当地的地貌（如滩、槽分布形式）、海流的空间分布特征密切有关（汪亚平等，2000）。

表2-6　如东海区定点站位单宽悬沙输运率

站位	单宽悬沙输运率/(10^4 kg · m^{-1})					
	小潮	方向/(°)	中潮	方向/(°)	大潮	方向/(°)
A4	–	–	–	–	0.7	200
A5	–	–	–	–	1.1	55
1	0.3	96	2.1	95	4.8	69
2	1.8	87	6.5	70	9.7	39
3	0.9	115	3.5	93	6.4	101
4	1.0	63	5.1	65	3.7	107
5	0.8	33	3.2	314	6.1	309
6	0.2	180	2.8	318	2.6	128
7	0.5	127	3.2	328	2.6	144
8	0.6	66	2.6	294	10.9	287
9	0.5	87	3.1	336	5.3	328
10	0.5	12	4.6	310	11.5	311
11	0.1	188	3.0	249	2.1	261
12	3.2	103	8.5	105	14.2	109
13	1.6	75	7.3	254	84.1	338
14	0.7	312	5.2	346	59.5	355
15	0.5	332	6.7	313	49.4	330
16	0.4	300	4.2	274	97.5	306
17	1.0	94	3.7	252	36.7	245

注：除A4、A5为12.5 h外，其余均为25 h全潮数据。

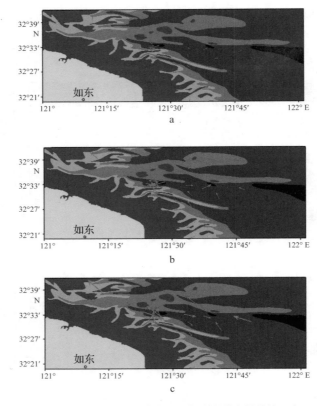

图2-16 如东海区17个定点站位全潮单宽悬沙输运率
a. 小潮；b. 中潮；c. 大潮

2.3.2 潮滩剖面的变化速率

常态条件下，潮滩的冲淤变化与沉积分布见图2-17。潮滩的冲淤变化呈现"上部堆积，下部侵蚀"的格局，潮间带上部由悬浮泥沙沉降形成泥质堆积，潮间带下部主要是砂质底移冲刷形成侵蚀，仅在大潮低潮位附近形成薄砂层。这一格局使得滩面坡度自陆向海表现为"缓-陡-缓"的形态，潮滩剖面呈现"双凸形"，两个凸点分别位于平均高潮位附近（凸点1）和平均低潮位下部（凸点2），这与淤积型或稳定型潮滩重复测量的剖面形态相一致（高抒，朱大奎，1988；陈才俊，1991）。根据沉积物质量守恒原理推断沉积物输运趋势，潮间带上部的泥质沉积物主要来自附近海域，通过悬沙输运机制在高潮位处沉降堆积；潮间带下部侵蚀带沉积物主要被落潮流冲刷而向潮下带及附近海域输运。

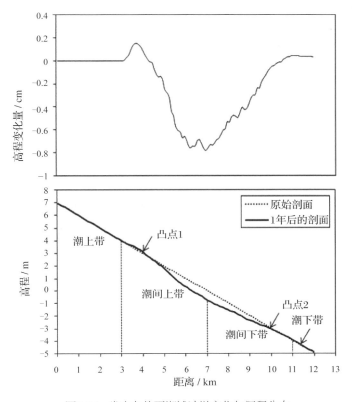

图2-17　常态条件下潮滩冲淤变化与沉积分布

2.3.2.1　苏北浅滩区域整体准等高潮位水边线变化趋势

通过不同年份遥感影像所反演的特征地物对比，从而可获取潮间带地貌体的变化趋势。配合实测潮位数据，叠加比对2011年4月与2013年1月两景苏北浅滩区域准等高潮位遥感影像对提取的水边线形态（见图2-18），进而分析准等高潮位面上辐射沙脊区域沙脊与潮滩冲淤摆动趋势。

露出滩及潮流水道冲淤演变趋势分析如下：

① 露出滩：岸滩部分盐城至南通沿岸潮滩整体以淤积为主，其中北部盐城沿岸潮滩主体表现为冲刷，中部弶港沿岸潮滩主体表现为淤积增长、南部如东沿岸潮滩冲淤变化不明显。离岸沙脊群中心部位冲淤变化复杂，多呈西侧冲刷，东侧淤积；沙脊群北部多呈总体侵蚀，沙脊群中部向东摆动，沙脊群南部呈总体略淤长趋势。

② 潮流水道：西洋呈拓宽趋势，向东南方向略摆动，西岸淤长速度低于东岸冲蚀速度。东侧潮流水道呈略拓宽趋势，整体冲刷，外海侧冲淤北面较明显，东面不明显，深入沙脊群时冲蚀加强，沟槽向东南方摆动。南侧潮流水道呈变窄趋势，向南侧退缩。

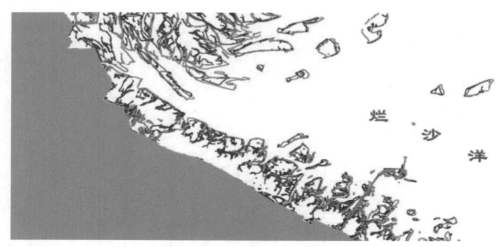

图2-18　准等高潮位潮滩水边线叠加比对图［蓝色为2011年，红色为2013年］

2.3.2.2　如东潮滩准等高潮位水边线变化趋势

①总体冲淤变化较苏北浅滩其他区域较小。

②垂直岸线方向，潮滩向海（东北向）发育变化不显著。

③平行岸线方向，露出滩西北侧冲刷，东南侧淤长，冲淤比率几乎相等，滩面形状变化较小。

人工构筑对区域冲淤变化影响较大。西太阳沙人工岛配套路桥西北侧冲蚀显著，原滩面由主体垂直路桥演变为沿路桥分布，面积形态变化较大；东南侧推离路桥效果显著，面积形态有一定变化。

2.3.3　局地性地貌冲淤特征

2.3.3.1　"马腰"地形演变特征

对于"怪潮"易发的"马腰"区域，如果按照高潮滩滩面沉积速率为3.5 cm/a，滩面坡度为1/1 000量级，潮间带宽度为5 km量级，沉积物供给中断，那么高潮位将在100年后向海推进3.5 km，到达现在的"马腰"附近。在此情形下，由于潮间带大幅度缩窄，潮流强度将明显减小，因此"怪潮"出现频率也会下降，但引发的另一个问题是那样的环境可能不再适合于紫菜养殖。如果岸外砂质物质的向岸输运得以维持，则在高潮位向海推进的同时，低潮位细砂滩也同步向海推进。在目前的潮汐水动力和岸外沉积物分布条件下，这种趋势是很可能的。无论是哪种情况，低潮位沙体和"马腰"地貌还要长期存在。

2.3.3.2　潮间带下部沙体和潮流水道演变特征

选出6幅不同年份的图像,提取每幅图像的潮流水道、沙脊,得到6幅不同时期的滩面水边线分布图(见图2-19)。可以看出,沙洲区域内滩面地形复杂,低潮位以下部位有孤立的沙脊出露,沙脊的形态规模有明显差异,潮间带发育一系列潮盆-潮流水道地貌单元,浅滩上部的围垦区面积逐渐扩大。其中,所选出的2001年份图像潮位最低,滩面出露的面积最大,而2011年份图像潮位最高,浅滩外围只能看到人工岛出露水面。

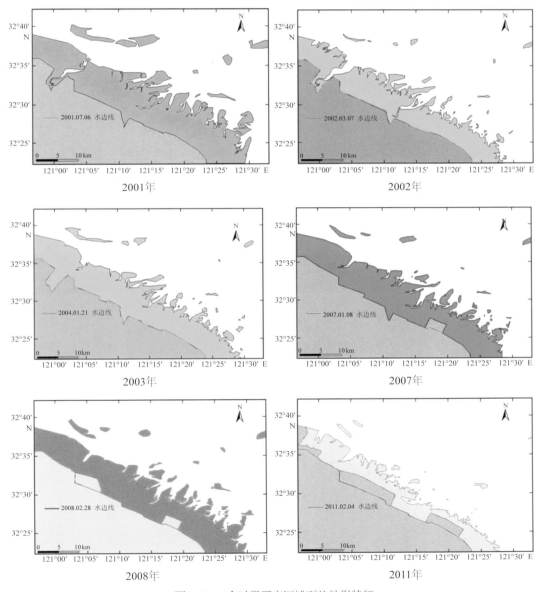

图2-19　6个时段研究区滩面的地形特征

2.3.4 潮下带水边线演变

低潮水边线曲折率R可定义为：

$$R = L / D$$

式中，L为水边线长度（km）；D为水边线两端点的直线距离（km）。

运用ArcGIS软件对搜集的2000—2008年中的6幅符合低云量、低潮位要求的遥感影像提取如东海岸和盐城海岸的水边线（图2-20和图2-21中红色线条），并计算水边线长度和两点间的直线距离（图2-20和图2-21中蓝色线条），求得低潮水边线曲折率（见表2-7）。

根据图2-20和图2-21中如东海岸和盐城海岸的遥感影像对比，可清晰地发现如东海岸倚岸型砂体分布广泛，潮流水道发育，岸线曲折；而盐城海岸相对平直。表的计算结果表明，如东海岸低潮水边线曲折率平均值达6.32，而盐城海岸仅为2.34。尽管由于每幅遥感影像所对应的低潮位不同，但足以说明如东海岸低潮水边线曲折率较盐城海岸高的总体特征。

表2-7　如东海岸水边线曲折率与盐城海岸水边线曲折率对比表

图像获取日期潮流水道	预报潮位/m	地理位置	水边线长度L/km	直线距离D/km	曲折率R	曲折率之比（如东/盐城）
2000年3月9日	-3.09	如东	230.71	39.72	5.81	3.4
		盐城	52.22	30.27	1.72	
2002年1月2日	-2.18	如东	260.91	39.52	6.60	2.5
		盐城	77.44	29.87	2.59	
2002年7月29日	-2.79	如东	239.14	29.25	8.18	2.3
		盐城	111.03	31.08	3.57	
2003年1月21日	-2.28	如东	234.45	38.90	6.03	2.0
		盐城	70.89	23.98	2.96	
2007年1月8日	-2.59	如东	257.03	48.69	5.28	2.9
		盐城	45.37	24.82	1.83	
2008年2月28日	-2.06	如东	264.39	43.67	6.05	4.4
		盐城	38.00	27.54	1.38	

注："预报潮位"为小洋口港潮高估计值。

从图2-20和图2-21可以看出，盐城海岸的岸线平直，潮间带下部不发育潮流水道和沙体，其低潮水边线曲折率较小，仅为2.34。而如东海岸潮间带下部分布大量沙体，潮流水道发育，形成沙体与潮流水道相间排列的复杂地貌，其低潮水边线曲折率可达6.32，盐城海岸的2~4倍。

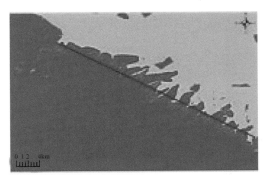

20000309 如东

20000309 盐城

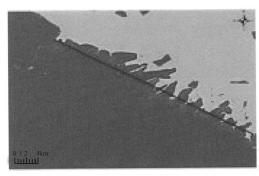

20020102 如东

20020102 盐城

20020729 如东

20020729 盐城

图2-20　遥感影像显示的如东、盐城海岸低潮水边线特征（一）

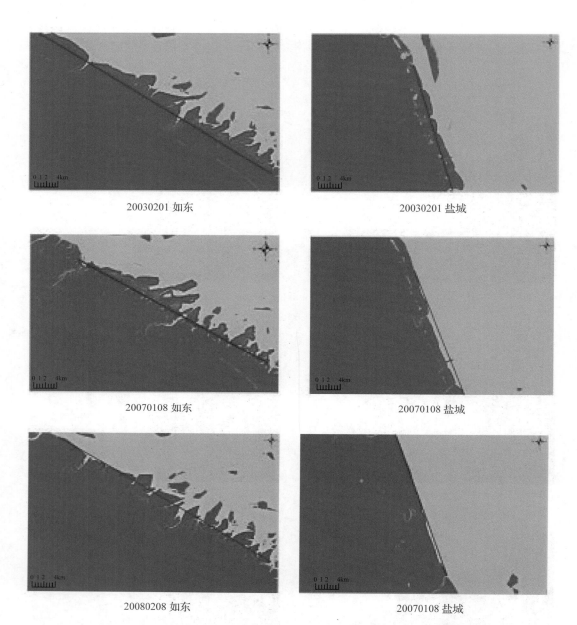

图2-21　遥感影像显示的如东、盐城海岸低潮水边线特征（二）

3 "怪潮"发生机理分析

　　该海域处于东海前进潮波与黄海旋转潮波的辐合带，属强潮区，当东海前进波、黄海旋转波和苏北沿岸流等不同的流系在前行过程中与气象条件、沙脊地形配合（见图3-1），在潮流水道里形成海水堆积，当海水堆积速度过快，超出某一限度时，极易引起局地海流流速、水位急涨突变的现象，简称"怪潮"。

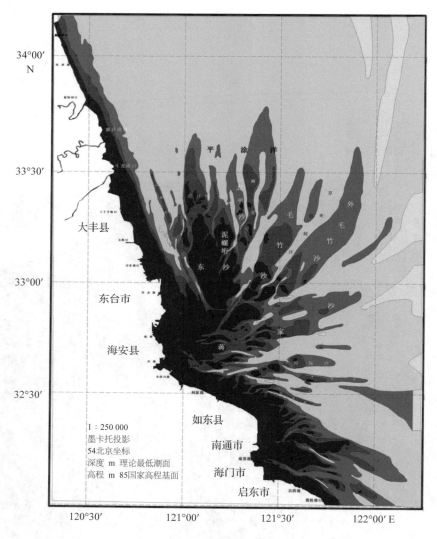

图3-1　辐射沙洲掌形图

　　由于激流"怪潮"所引发的海难事故频繁发生，以如东县长沙镇为例，从2001年"11·12"海难事故至2007年"4·15"重大海难事故，这4起与渔业生产有关的海难事故中几乎都潜藏着"怪潮"的身影。即便是在海岸线较短的海安，2005年也发生了"5·12"特大海难事故，南通时代食品有限公司所属"海安渔养301"紫菜养殖船在作业返回途中，于32°47′N，121°18′E海域突然向一侧倾斜，经全力施救，27人生还，13人遇难。每次海难事故大多归咎于出现了"怪潮"，南通沿海的渔民，尤其从事滩涂养殖的渔民对所谓的"怪潮"刻骨铭心。

对于"怪潮"发生的机理，尽管有关的文献分析初步认为："怪潮"是基于苏北沿海特殊的浅滩地形在南通海域多种流系共同作用下，在某一个时段潮流急剧上涌和短时间涌浪明显增大的现象，但"怪潮"发生机理至今尚未完全明确。本书从浅滩地形地貌变化、水动力环境、水动力－地形变化相互作用方面，采用湍流模型和统计学模型，通过数模、统计、实测三方联合研究、相互佐证，得出如下初步结论：地形由宽变窄、由深变浅导致的水流壅阻引发局地潮位陡增；堆积的势能在某些特定区域的动能释放，又引起流速增大，产生激流；区域或局地风场加速了激流的发生，从而产生"怪潮"。本书所采用的研究方法和得出的"怪潮"初步结论，可为"怪潮"机理深入研究提供参考。

3.1 "涌潮－激流"基本特征分析

3.1.1 海洋激流的基本特征

3.1.1.1 流速异常性

修日晨等人（2000）在对海底激流进行观测的研究中，在渤海煌岛海区，38°13′36″N，118°48′06″E，水深10.5 m距海底0.2 m处已观测到了3.18 m/s的强大激流，激流所拥有的冲击力和破坏力可想而知，研究认为破坏海洋工程设施、制造海难事故的最大元凶非它莫属。

3.1.1.2 时间短暂性

激流所持续的时间是短暂的，一般只能持续20～30 min，最短者不足10 min，最长者可达2 h以上。实际上，海洋激流持续时间的长短，完全取决于海区中提供的让激流所释放的无序能量的多少。

3.1.1.3 发生随机性

海洋激流的发生无论在时间上、空间上和强度上皆具有很大的随机性，表、中、底三层均有激流发生，表层居多。有时1天发生2次激流，有时持续几天无一次激流发生，每次激流发生的时间也各不相同，具有很大的随机性。另外，每次激流的流速大小、持续时间的长短差别也很大。

3.1.1.4 流速突变性

江苏近海特别是在沙脊群区近岸水域，由于地形变窄变浅，潮水辐聚能量达到一定限度后，水位不可能无止境地抬高，必然要进行能量的释放，强大的势能将引起速度的突变。激流的流速一般都在 2.50～5.00 m/s，突变时可达到 4.90 m/s。流速在短时间内骤然增大，可作为发生激流的一种信号，它预示激流可能发生。流速突然急增表示激流正处于发展之中，流速突然急减，预示激流可能正趋于消失。

3.1.1.5 发生局地性

受潮流的辐聚辐散加之特殊地形的影响，激流多发生在沙脊群西部近岸。在江苏近海海流观测时，采用多点同步观测，所获激流仅限于某区域或某一层次出现。如1980年12月7日，同步测流点中，仅0501站表层和5 m层测到激流，其余层次及附近测点未有激流现象出现；1980年12月6日仅在0301站10 m层测到激流，其余测点未发生激流。又如1980年夏季（7月）测流时，在同步观测点中，仅0501、0801、0901、0902、1201、1202站出现了激流现象，其他测点未有产生，即使在同一点，激流的出现也仅限于有限的层次。激流属个别区域的一种孤立现象，这在2001年测流时也得到证实。A1、A2、B三个测站均位于西洋内，相距不远，在同样的时间内A1、A2站观测到了激流，B站却未观测到，由此看出该海区激流的出现仅在一个较小范围内，具有明显的局地性。

B站观测结果表明，激流在表、中、底三个层次中均能发生，但却未在两个层次中同时发生。由于B站的水深仅27 m，由此可推知该激流的垂直厚度不足10 m。既然其垂向厚度不足10 m，那么，其水平宽度也只能在数十米范围之内。由此可推知，海洋激流是一种空间范围狭小的高速流动，即使在数千米深的大洋也应如此。

3.1.1.6 延时性

激流与能量的释放密切相关，通过能量释放以达到水位新的平衡。能量释放通常以一种较为激进的（或暴发性的）过程来完成，其延时一般也就不可能很长，在所测到的激流中，持续时间大多在数分钟到几小时。1980年所获激流资料看，激流的延时一般在0.5～3 h以内。2001年6月观测到的激流，由于观测时间步长短，所测激流的延时仅逾20 min，其后流速便恢复正常状态。

3.1.1.7 水位突变性

陈则实教授等（1990）在研究假潮时指出，假潮是叠加在潮汐上的一种较短周期的振动，每个港湾存在着纵振动、横振动或其他方向的振动。大振幅假潮主要表现在水位的急剧升高上，水位上升，势能增加。假潮周期一般为几分钟至几十分钟，时间较短。水位从异常大振幅到恢复正常变化状态，主要依靠水体的输运，大振幅假潮周期较短说明水体输运是以一种快速运动的形式进行，或者说一般应是以激流的形式完成。潮水由开敞外海进入水道狭窄的江苏近海沙洲区造成壅水。以弶港海域为例，潮水进入港附近的王家槽西段后，水道急剧变窄，成为明显的喇叭形，加之水道变浅，使王家槽西段开始出现明显的涌潮，潮位增高。从历史资料或目前所获资料来看，激流多在弶港附近大潮差区出现，激流与水位有一定的关系。张忍顺等（1991）根据实地观测获得该处潮头之后激流最大流速可达3.0 m/s以上的大流速记录，涌潮后的底层含沙量可高达6.6 kg/m³。激流发生于潮头之后，说明了该水域潮位与激流有一定的关系。

3.1.2　苏北"怪潮"激流的表现特征

根据南通市海洋与渔业局调研的"怪潮"亲历者口述（南通辛捷生态食品有限公司董事长周建），2009年11月17日（农历初一）当晚按常规应19时40分开始涨潮，但约19时，潮水突涨，水势凶猛，40多名养殖人员根本来不及上船，都泡在水里，很快淹到胸部。但潮水涨了大概十多分钟后，突然开始退潮，不到3 min的时间，一米多深的海水就退干了。然后又在19时40分左右开始涨潮，而且不是很快。

对"怪潮"易发生区域，即浅滩区域进行了2次激流的短期观测（观测位置见图3-2）。观测时间为2012年4月和9月，分别进行了大小潮观测（见图3-3和图3-4）。观测点处水深较浅，在低潮时滩地会露出水面。其中，洋口港附近站位在大潮期观测的流速，在涨急时刻发生较明显的流速突变，10 min内流速增大约40 cm。而在小潮期该站位没有观测到流速突增的现象。

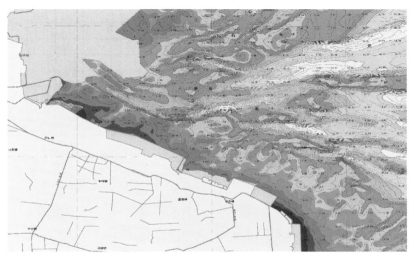

图3-2　短期临时观测站位图

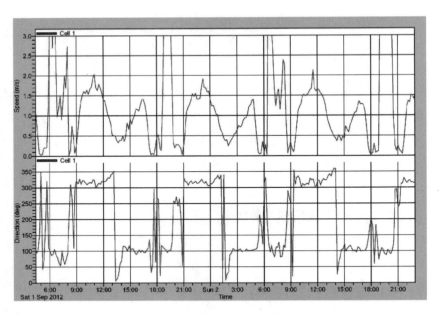

图3-3　洋口附近站位9月大潮期海流观测数据

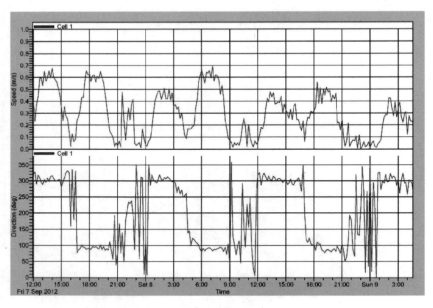

图3-4　洋口附近站位9月小潮期海流观测数据

根据现场调查及数据分析，发现苏北"怪潮"激流的表现特征如下。

①发生在浅滩区水深较浅的小潮流水道顶部。

②发生在水位急速上涨阶段，一般10 min水位上涨大于30 cm，持续时间在2～3 h。

③发生时海流流速有短暂突变或波动现象，一般持续时间在10～30 min，海流流速突变或波动大于30～50 cm/s。

④若发生挑流时，周围滩涂海域迅速增水，10 min水位上涨大于80 cm，持续时间10～20 min。

因此，定义苏北"怪潮"是浅滩海域外海海水流入潮流水道或从大潮流水道向滩涂区域小潮流水道（"马腰"）传播过程中，受潮流水道地形影响，在潮流水道里形成海水堆积，当海水堆积速度过快，超出某一限度时，引起局地海流流速急增、水位突变的现象。

根据上述海洋激流的基本特征和苏北浅滩近岸潮位及潮流变化过程的现场观测数据，"怪潮"发生的基础源自于"涌潮"，"怪潮"的变现形式取决于近岸地形特征、潮波系统、海面风情、波浪作用等多种因素。

3.2 苏北浅滩区"怪潮"灾害时空分布特征

3.2.1 滩涂养殖事故空间分布分析

在苏北辐射沙洲浅滩区域，潮位上涨速度有明显的空间差异，而潮位的快速上涨，是导致滩涂养殖人员撤离不及，造成灾害的重要原因之一。

利用所建立的基于FVCOM的数值预报模型，在给定月均风场的条件下，进行一年（365天）的潮汐海流数值模拟，输出时间间隔为0.5 h的水位场，统计辐射沙洲海域各网格点潮位激增累积次数，分析潮位急涨的空间分布特征。

根据数值模拟结果计算0.5 h涨潮速度由下式计算：

$$V = \frac{e^{i+1}-e^i}{dt}$$

其中，V为涨潮速度，e^i为第i整点时刻水位；e^{i+1}为下一个整点时刻水位；dt为时间间隔，等于0.5 h。

图3-5至图3-7分别为一年时间，经统计的涨潮速度大于110 cm/0.5 h、120 cm/0.5 h、130 cm/0.5 h的次数（总次数为365天×24次/d-1=8 759次）。从图3-5至图3-7中可以看出，在苏北辐射沙洲海域浅滩前沿一段海域内，均有涨潮速度大于110 cm/0.5 h情况发生，在浅滩边缘海域，基本存在涨潮速度大于120 cm/0.5 h的情况发生，而出现涨潮速度大于130 cm/0.5 h的区域，则零星分布于浅滩边缘海域。通过分析对比地形分布特

征，可以看出潮位急涨的区域基本位于潮流水道辐聚的高滩前沿，高滩阻力加上水体辐聚的共同作用，是造成潮位急涨空间分布的主要因素。

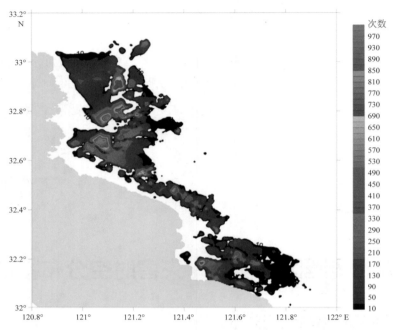

图3-5　苏北海域逐时统计涨潮速度超过110 cm/0.5 h次数空间分布

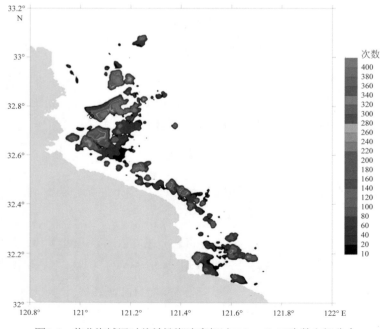

图3-6　苏北海域逐时统计涨潮速度超过120 cm/0.5 h次数空间分布

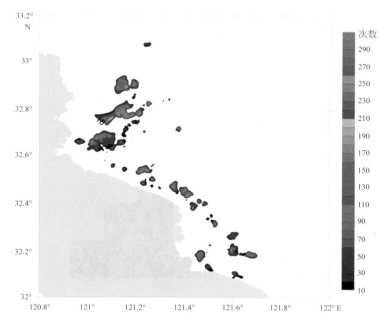

图3-7　苏北海域逐时统计涨潮速度超过130 cm/0.5 h次数空间分布

3.2.2　滩涂养殖区事故时间分布特征

据统计，1998—2008年的11年间，共发生53起海难事故，除去显然非"怪潮"引起的事故（如搁浅、大火、风浪）外的滩涂养殖事故共有10起，事故情况及天气过程见表3-1。

表3-1　滩涂养殖区事故情况

年度	时间	等级	种类	事故地点	死亡人数	天气过程
1959	3月25日	特大	滩涂养殖	如东原太阳沙外海域	1 300	—
1962	9月27日	特大	滩涂养殖	如东原洋口农场外滩涂	18	—
1972	2月18日	特大	滩涂养殖	如东原北渔公社外滩涂	61	—
1983	11月21日	特大	滩涂养殖	如东原北渔公社外涂	59	—
1990	9月1日	特大	滩涂养殖	如东原东凌乡外滩涂	18	台风，风力9级
2001	9月22日	重大	滩涂养殖	启东瀛鹤海藻公司东元滩涂	5	冷空气和台风，偏北风5级阵级风6～7级
2001	11月12日	特大	滩涂养殖	如东长沙镇东北尖紫菜养殖场	10	冷空气，偏北风5级阵级风6～7级
2003	9月26日	重大	滩涂养殖	如东苴镇外海滩涂	7	弱冷空气，偏北风3～4级

年度	时间	等级	种类	事故地点	死亡人数	天气过程
2004	1月11日	重大	滩涂养殖	如东长沙镇东北尖紫菜养殖场	9	冷空气，偏北风5级
2007	4月15日	特大	滩涂养殖	如东县长沙镇外滩涂	19	出海气旋，偏北风5～6级

按农历月、农历日分别统计滩涂养殖事故发生的时间分布特征，结果见图3-8。

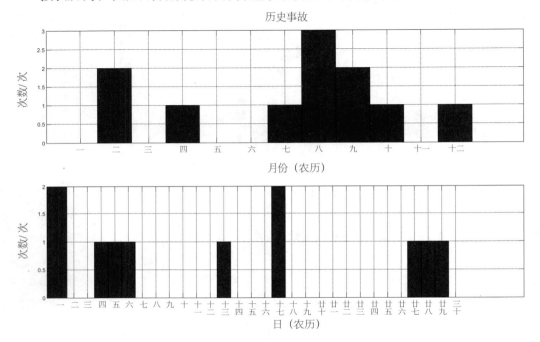

图3-8　滩涂养殖事故发生的时间分布

从事故发生的农历月分布来看，滩涂养殖事故主要发生在农历七至十月，同时，这也是滩涂养殖活动的活跃期。从农历日分布来看，大部分事故发生在农历初一和十五的大潮期附近，但中潮期也有发生。

3.2.3　滩涂养殖区事故天气过程分析

地面天气图分析数据来源与NOAA中心的necp再分析slp（sea level pressure）数据，一天4次（2时、8时、14时、20时）；数据精度为2.5°×2.5°。海难事故个例分析实况数据为吕四海洋站风速、潮位的整点数据；针对1990年以后的6次较大灾害过程分析发现，其中由台风影响致灾的有2起，过程最大风速为20～22 m/s；受冷空气影响致灾的有3起，过程最大风速为8～10 m/s；受温带气旋影响致灾的有1起，过程最大风速为10～12 m/s。具体分析如下。

3.2.3.1　1990年9月1日台风浪影响的特大海难事故

　　1990年8月22日，9015号强台风在10°N，152°E生成，首先在向WNW方向移动，然后沿倒抛物线西北行，8月29日在台北偏东500 km的洋面上达到最大强度14级43 m/s，8月31日24时在浙江温州附近沿海登陆后转向偏北，9月1日7时在苏北沿海入海，入海时中心风力达到9级（图3-9至图3-11），9月2日08时在朝鲜半岛南部沿海再次登陆，登陆时中心风力7级。受此强台风影响，9月1日如东原东凌乡外滩涂的滩涂养殖人员死亡18人。

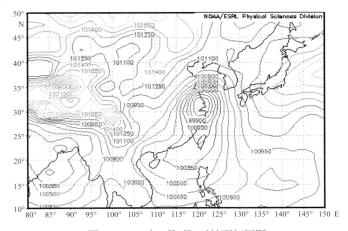

图3-9　1990年9月1日8时地面气压图

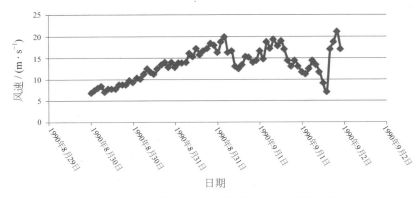

图3-10　吕四海洋站9·15台风期间过程风速变化曲线图

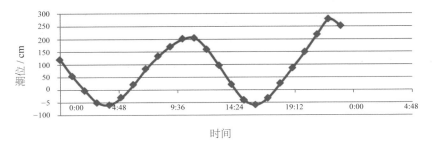

图3-11　1990年9月1日吕四海洋站潮位变化曲线图

3.2.3.2 2001年9月22日冷空气和0119台风"利奇马"共同影响的重大海难事故

受冷空气和0119台风"利奇马"的共同影响,"启东瀛鹤海藻公司东元滩涂"发生了5人死亡的海难事故。2001年9月22日08时我国沿海地面气压图见图3-12,0119台风实况路径见图3-13。

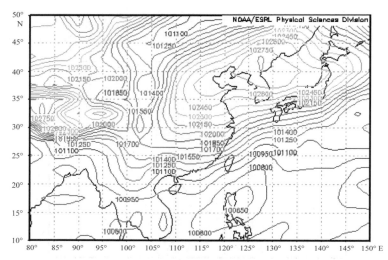

图3-12 2001年9月22日8时地面气压图

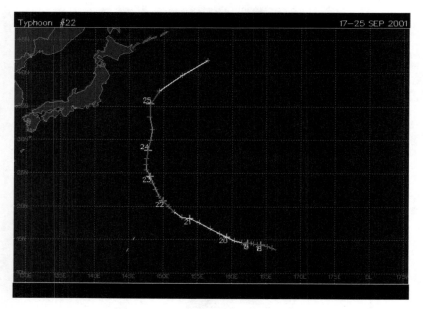

图3-13 0119台风"利奇马"实况路径

受0119台风"利奇马"和冷空气的共同影响,事故发生区域有5级偏北风阵风6～7级(图3-14),并推断1/10波高为1.5 m。

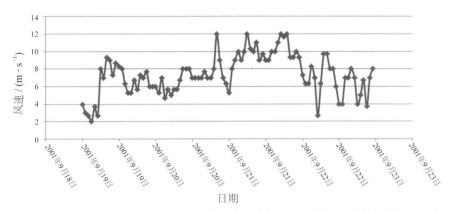

图3-14 0119台风"利奇马"和冷空气共同影响期间吕四海洋站过程风速变化曲线图

受上述天气系统影响，邻近的吕四验潮站出现了一定幅度的风暴增水，最大增水77 cm，出现在中午12时（中潮位时段）。表3-2和图3-15、图3-16为9月22日吕四站的实测潮位及相应的增水和曲线图。

表3-2 9月22日吕四站的实测潮位及相应的增水（cm）

时间	实况	天文	增水	时间	实况	天文	增水
0时	132	57	75	12时	117	40	77
1时	223	162	61	13时	211	146	65
2时	275	228	47	14时	266	217	49
3时	284	251	33	15时	290	248	42
4时	254	225	29	16时	272	235	37
5时	163	144	19	17时	195	173	22
6时	54	33	21	18时	93	76	17
7时	−57	−79	22	19时	−11	−30	19
8时	−146	−169	23	20时	−105	−127	22
9时	−172	−202	30	21时	−161	−183	22
10时	−116	−164	48	22时	−142	−173	31
11时	−6	−72	66	23时	−62	−105	43

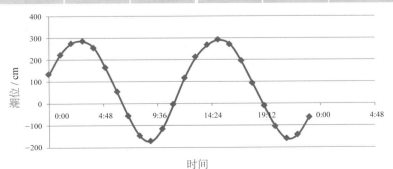

图3-15 2001年9月22日吕四海洋站潮位变化曲线图

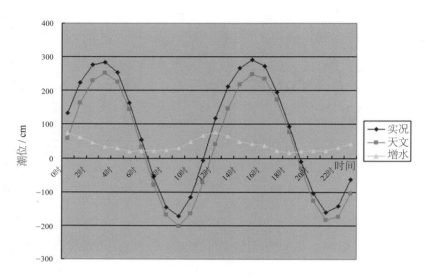

图3-16　9月22日吕四站的实测潮位及增水曲线

3.2.3.3　2001年11月12日冷空气影响的特大海难事故

受中等偏弱冷空气过程影响，"如东长沙镇肉饼沙"发生10人死亡的特大海难事故。

根据吕四海洋站实测资料，当时为偏北风5级阵风6～7级（见图3-17和图3-18），推断1/10波高为1.3 m。

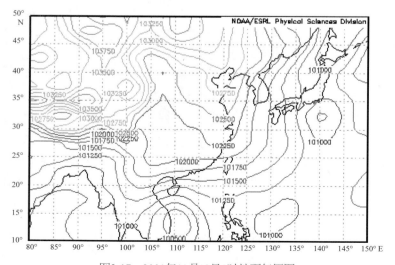

图3-17　2001年11月12日8时地面气压图

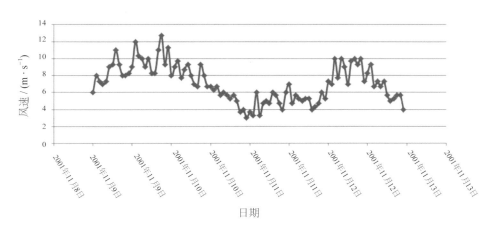

图3-18 吕四海洋站过程风速变化曲线图

根据吕四海洋站实测潮位，潮位基本正常，无明显增水，仅在2次低潮期有不超过30cm的增水（见表3-3和图3-19）。

表3-3 2001年11月12日吕四站的实测潮位及相应的增水（cm）

时间	实测	天文	增水	时间	实测	天文	增水
0时	63	58	5	12时	150	140	10
1时	−24	−38	14	13时	55	41	14
2时	−102	−124	22	14时	−36	−59	23
3时	−154	−180	26	15时	−114	−143	29
4时	−163	−185	22	16时	−153	−182	29
5时	−121	−136	15	17时	−139	−160	21
6时	−42	−51	9	18时	−72	−84	12
7时	60	50	10	19时	31	19	12
8时	153	145	8	20时	129	122	7
9时	224	214	10	21时	198	200	−2
10时	258	242	16	22时	232	238	−6
11时	231	215	16	23时	219	224	−5

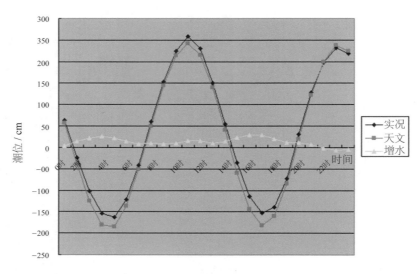

图3-19　2001年11月12日吕四站的实测潮位及相应的增水曲线图

3.2.3.4　2004年1月11日较强冷空气影响的重大海难事故

2004年1月10日15时，受较强冷空气影响，江苏、上海沿海受冷空气影响，江苏沿海风力开始增大，吕四海洋站测到8.1 m/s的西北风，同时佘山海洋站测得最大波高1.5 m。2004年1月13日17时，吕四站风速减小到5 m/s以下，佘山站波高也减小到0.5 m左右，冷空气过程对江苏、上海沿海的影响结束（见图3-20至图3-22）。此次冷空气过程影响江苏、上海沿海共持续4天。冷空气过程造成如东长沙镇东北尖紫菜养殖场9人死亡。

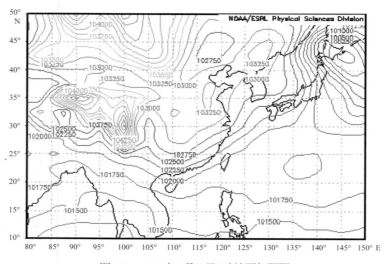

图3-20　2004年1月11日8时地面气压图

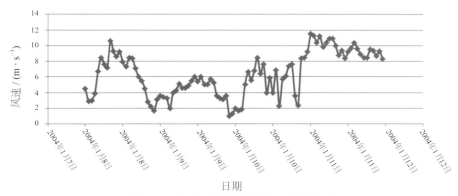

图3-21　吕四海洋站过程风速变化曲线图

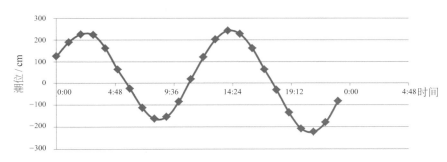

图3-22　2004年1月11日吕四海洋站潮位变化曲线图

3.2.3.5　2007年4月15日出海气旋影响的特大海难事故

2007年4月15日傍晚，上海沿海受出海气旋的影响，沿海风力增大到5～6级，从15日到16日，吕四海洋站的最大风速持续10 m/s以上，佘山站的最大波高在4月16日14时达到1.7 m（见图3-23至图3-25）。如东县长沙镇外滩涂发生19人死亡事故。

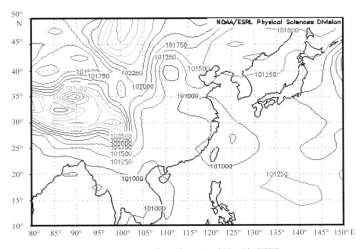

图3-23　2007年4月15日8时地面气压图

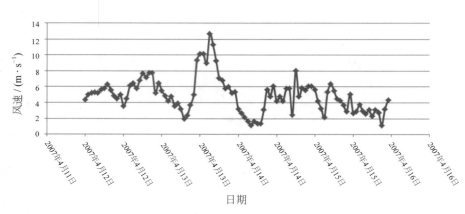

图3-24　吕四海洋站过程风速变化曲线图

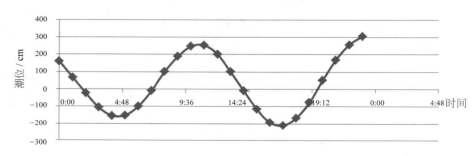

图3-25　2007年4月15日吕四海洋站潮位变化曲线图

3.3　苏北"怪潮"发生机理数值模拟研究

通过对走访资料的整理和观测数据的系统分析，并采用数值模拟方法对苏北海域海洋环境和"怪潮"个例进行模拟分析，对苏北"怪潮"发生因素总结为以下四个方面。

3.3.1　辐射沙洲地形因素

苏北辐射沙沟区域沙脊与潮流水道交错，呈辐射状分布，且在浅滩区域小沙沟和"马腰"众多。这样的地形特征是潮流和沙洲相互作用的结果，地形特征决定了南黄海的潮汐系统，同时也造成潮波在沙沟内传播过程中发生形变。

3.3.1.1　辐射沙洲地形对潮汐系统的影响

苏北海域的辐聚潮波形式，主要是因苏北辐射沙洲地形形成。图3-26为水深变化对比试验结果图。该对比试验分别采用实测水深和平底10 m水深两种情况，进行潮波系统的模拟。从图3-26中可以看出，采用平底10 m水深试验时，潮位潮差明显减小，仅为实际情况的40%左右。潮流也相应地减小，浅滩区最大流速仅为70 cm/s，仅为实际情况的30%左右。且无潮点的位置也发生明显变化。地形的改变完全改变了该海域的潮汐系统。

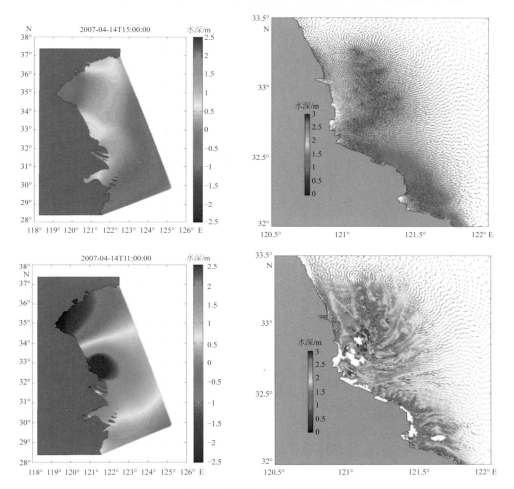

图3-26　水深变化对比实验结果

3.3.1.2　辐射沙洲地形对潮汐波形的影响

　　潮波系统进入辐射沙洲地形后，由于受到潮流水道地形的束流作用，引发潮汐波形形变，促使涨潮历时变短，潮流流速变大；涨潮中间时刻流速最大，潮位上涨最快。从图3-27可以看出，T1、T2和T3点同位于一个潮流水道内，由于T1位于潮流水道的最外侧，波形相对比较对称，即涨潮历时与落潮历时基本一致。T3位于潮流水道的顶端，涨潮期波形变陡，落潮期波形变缓，且相位落后于T1点，说明潮波由T1点传入，在传到T3点过程中，涨潮期波形变陡，落潮期波形变缓，潮位增高。潮流流速也有类似的变化特征（见图3-28）。

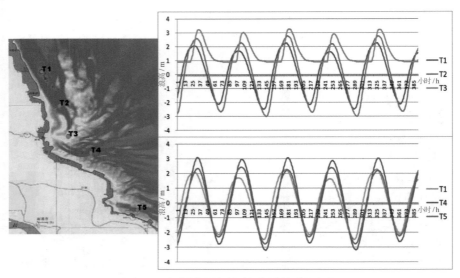

图3-27 辐射沙洲地形引起潮波波形的变化

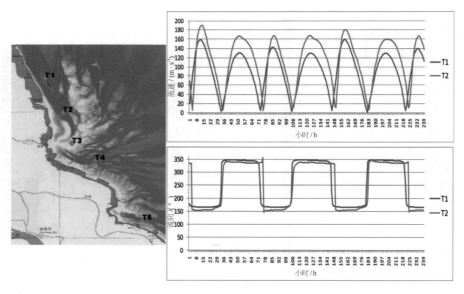

图3-28 辐射沙洲地形引起潮流流速的变化

3.3.1.3 浅滩区"马腰"纵横引发流速激变

辐射沙洲的较大潮流水道内潮流已达到较大的流速，涨急时刻一般在1.5 m/s以上。当急流从大潮流水道流向浅滩区的"马腰"时，形成海水的堆积，"马腰"内水位急增，海流流速发生突变（见图3-29和图3-30）。

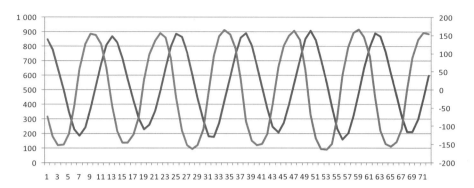

图3-29　吕四站潮位曲线（蓝线，单位：m）与潮位变化率曲线（红线，单位：m/h）

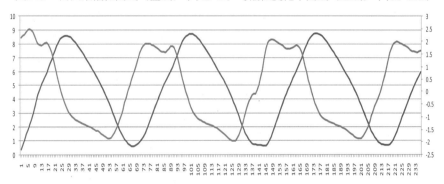

图3-30　吕四站附近"马腰"内潮位曲线（蓝线，单位：m）与潮位变化率曲线（红线，单位：m/h）

图3-31、图3-32为洋口站和洋口站附近"马腰"内潮位和潮位变化率曲线，由图可以看出，后者涨潮速度快于前者。洋口站附近"马腰"内潮位变化率约为2 m/h，洋口站潮位变化率约为1.5 m/h。海流在多个涨急时刻流速发生激变，10 min内流速激增40 cm/s（图3-33）。

总之，由于辐射沙洲地形的存在，使该海域潮大、流急。

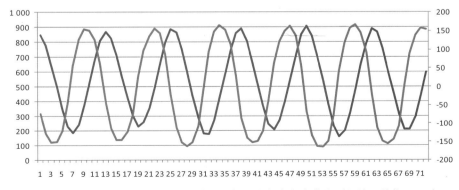

图3-31　洋口站潮位曲线（蓝线，单位：m）与潮位变化率曲线（红线，单位：m/h）

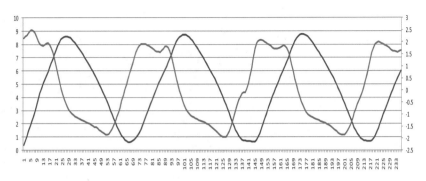

图3-32 洋口站附近"马腰"内潮位曲线（蓝线，单位：m）与潮位变化率曲线（红线，单位：m/h）

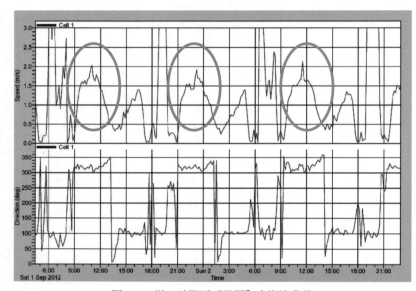

图3-33 洋口站附近"马腰"内潮流曲线

3.3.2 双潮波系统控制因素

3.3.2.1 双潮波系统配合地形形成大潮差和激流

来自东南方向的太平洋前进潮波与来自西北方向由山东半岛、朝鲜半岛反射形成的南黄海旋转驻波幅合，不仅使得辐射沙洲区潮差增大，而且形成了辐射状的潮流流场。南通海域是江苏省潮差最大的区域。据实测资料统计，如东海域平均潮差4.6 m，实测最大潮差9.28 m，大潮期最大流速一般大于1.5 m/s，潮流水道顶部最大流速大于2 m/s，是我国著名的大潮差、强潮流地区。

3.3.2.2 潮波交汇海域受两潮波系统交替支配

两个潮波系统在蒋家沙附近海域交会，由于潮汐系统强弱的周期性变化，交会区域交替受某一个潮波系统控制，或受两个系统的共同支配。从图3-34中可以看出，北侧潮波系统明显优于南侧系统，沙脊区域主要受北侧潮波系统支配；北侧潮波系统与南侧潮波系统强度基本相当，沙脊区域受两个系统共同支配。

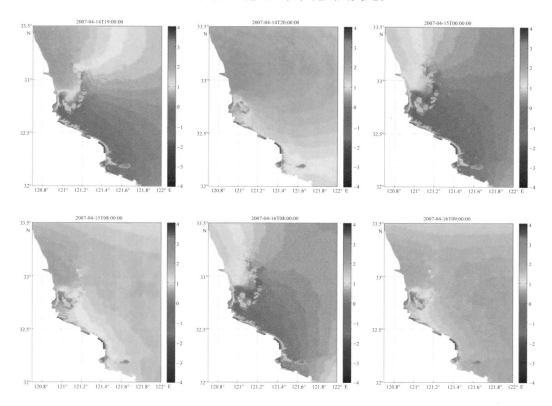

图3-34　两个潮汐过程水位（m）变化图

3.3.3　海面风场因素

3.3.3.1　强天气过程引起外海水涌入

强天气过程引起外海水涌入，使大潮流水道内涨水提前，涨潮速度加快，涨潮流速增强。图3-35为在江淮气旋系统作用下苏北浅滩区域沿岸和沙脊的东侧海域产生增水，从图3-36可看出越靠近近岸海域增水越明显。

1）东北向大风过程

引起东北向大风过程的天气系统，主要为强冷空气、较强冷空气和江淮气旋过程。其中2008年1月20日的重大事故具有代表性。从天气图分析来看，1月19—21日，受冷空气影响，该海域及黄海中北部持续7～8级东北向大风，涌浪较大。利用风场的模拟结果作为强迫场进行风暴增水模拟，可以看出，此类过程下，苏北区域沿岸均为增水情况（图3-35和图3-36）。值得指出的是，如增水过程发生在较低潮位的情况下，受露出水面的沙脊阻挡该区的增水出现时间不一的情况，这将给水位的预报带来困难。为进一步说明增水过程时间上的差异，输出18个代表点的水位曲线，可以看出1~3号点的增水曲线和13~15号点的变化明显不同（见图3-37和图3-38）。

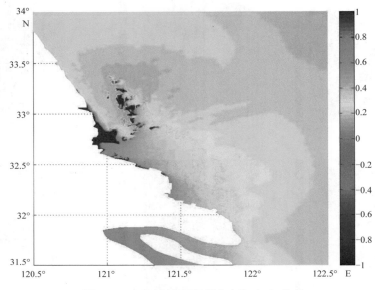

图3-35 t=41时刻的风暴增水水位（m）分布

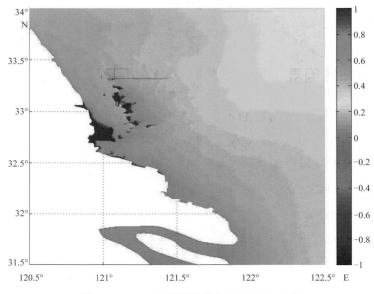

图3-36 t=56时刻的风暴增水水位（m）分布

图3-37　单点输出位置

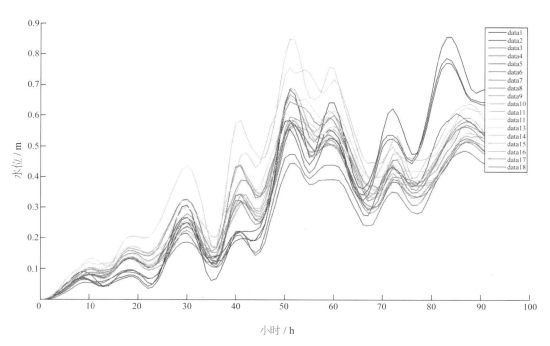

图3-38　2008年1月20日代表点增水曲线

　　2002年12月21日的事故过程也是直接由此类天气过程引起，12月19—22日，受冷空气影响，黄海中部海域一直持续7～8级的东北风，直接导致该海域涌浪较大，天气原因是造成该次事故的直接原因。

2）南风转北风过程

引起南风转北风过程的天气系统，主要由强冷空气配合低压或温带气旋产生。其中1998年3月18日的事故具有代表性。从天气图分析来看，从3月18—20日，这是一次典型的由强冷空气配合低压导致的风灾过程。从3月18日02时起，受东高西低形势影响，研究区域有7～8级的偏南大风，浪高3.0～4.0 m。到19日02时，气旋中心移至研究区域，风向逐渐由偏南转为偏北。19日中午开始受冷空气和低压共同影响，研究区域有7～8级、阵风9～10级的偏北大风，浪高4.0～5.0 m，19日下午到傍晚风力达到最强，20日上午开始风力逐渐减弱，到下午时减至5～6级，本次天气过程结束。利用风场的模拟结果作为强迫场进行风暴潮模拟，可以看出，此类过程下，同样存在受露出水面的沙脊阻挡增减水出现时间不一的情况，而且更为明显（见图3-39）。由增减水曲线可以看出，此类过程引起该海域强烈的增减水震荡，1～3号点的增减水变化明显强于其他各点（见图3-39）。

除上面两种情况外，明确由北风转为西北风过程引起的事故有5次；明确由偏南风过程引起的事故有3次；此外，有2次事故发生时，苏北海域无明显的强天气过程，但在长江口外海海域都存在持续的6级左右东北风过程，引起事故的原因有待进一步的分析研究。

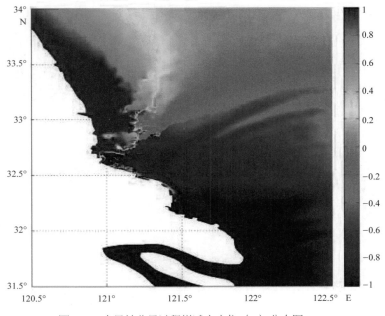

图3-39　南风转北风过程增减水水位（m）分布图

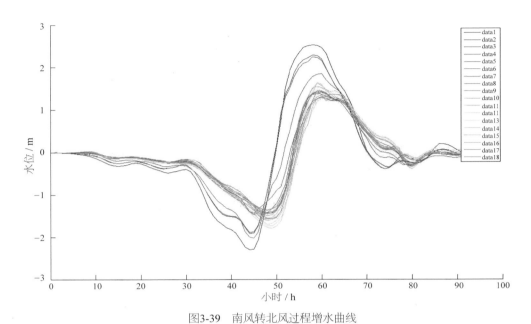

图3-39　南风转北风过程增水曲线

3.3.3.2　局地风与"马腰"走向配合

苏北浅滩内潮汐水道密布，当潮位较低时，这些潮汐水道将成为海水交换的主要通道，不同的风向将致使海水在这些通道间产生不同的流向，从而形成苏北区域，特别是浅滩区域复杂的流系结构。当风向突然转变时，可能会出现两个方向的海流在水道内相遇，相互冲击产生水位的异常变化。图3-40至图3-42为不同风向驱动下的海流结构图，图中两个粉色虚线框内的水道流向明显地发生了变化。

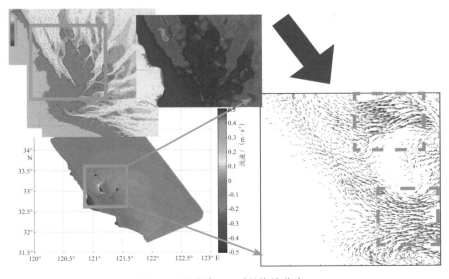

图3-40　风向为340°时的海流分布

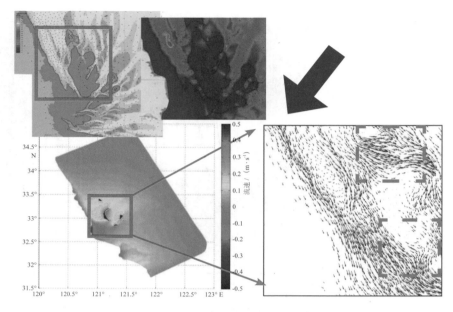

图3-41 风向为20°时的海流分布

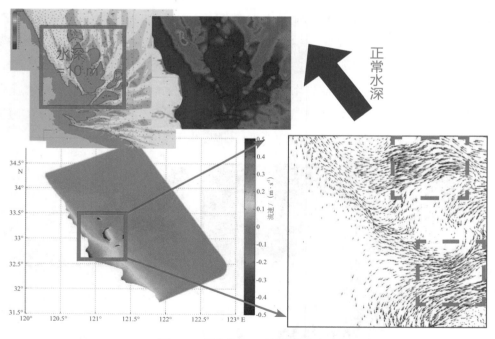

图3-42 风向为140°时的海流分布

当局地风向与"马腰"走向一致时，对海水的涌入起到推波助澜的作用，加速水位的上涨，对加速海流流速作用更为明显。从图3-43中可以看出，在2007年4月15日的过程中，在图中圆圈区域内，海水在小的潮流水道内增水明显大于大潮流水道和外海海域。

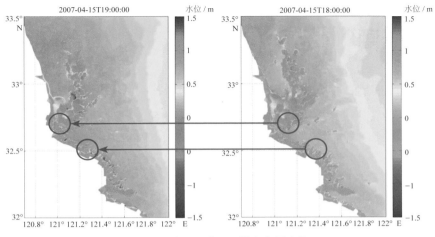

图3-43 海面风产生的增水作用比较

3.3.4 波浪因素

南通海域的波浪作用也有一定的特殊性。由于外围沙洲高潮时淹没、低潮时出露，不同潮位情况下的掩护作用存在很大的差异，即使在相同天气条件下，近岸海域的波浪强度也随潮位高低而不同。低潮位时外围沙洲掩护作用明显，波浪强度明显较小，高潮位时近岸波浪显著增大。寒潮、台风期间的大浪过程更是如此。9711台风前后如东西太阳沙附近实测资料显示，有效波高的变化与水深变化密切相关，每一时段的最大波高均出现在高潮位，随潮位下降波高也迅速降低，寒潮和台风期间大浪对近岸海区的作用强度并不连续（见图3-44）。同时由于波浪的增大，会导致潮流水道内进水量的增加，有利于激流怪潮的发生。

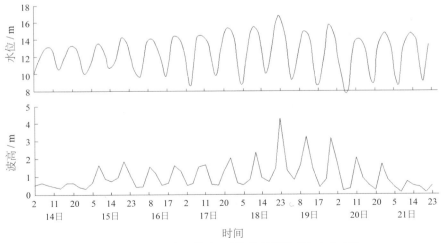

图3-44 9711台风前后西太阳沙前缘波高与水位变化

3.4 "怪潮"事故个例分析

2007年4月15日20时45分，如东县长沙镇何灶村养殖场从事紫菜生产护场作业的21名人员，遭遇异常涨潮，遇难人员共计19人。"4·15"海难过程主要是由于人为因素引起，但地形因素和海面风因素也起到了一定推波助澜的作用。事故发生的浅滩区域"马腰"较多，在事发的滩涂与海岸间有多处水深为1～2 m的"马腰"，在事发时潮水受风影响涨潮时间略有提前，到中涨时段，由于海流流速较大，涨水速度较快，提前将"马腰"淹没，阻挡了人员撤退的路线。

事故发生时段，海域受北方弱冷空气南下影响，有5～6级，偏北风阵风7级，并造成了区域增水的发生引起潮时略提前。同时，事发时滩面过水流速也达到1.2 m/s以上。涨潮历时短于落潮历时，在涨急阶段，1 h涨潮达到2.1 m（见图3-45至图3-47）。

2007APR1416_2489

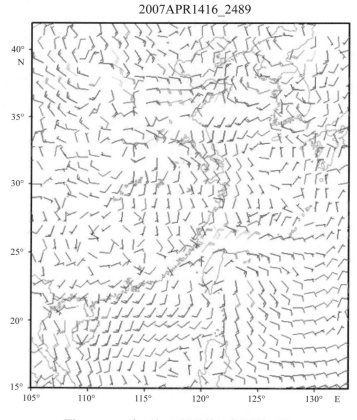

图3-45　2007年4月15日滩涂养殖事故期间天气

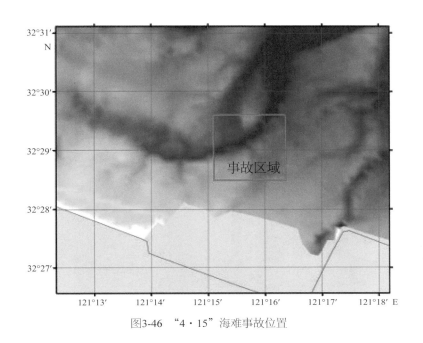

图3-46 "4·15"海难事故位置

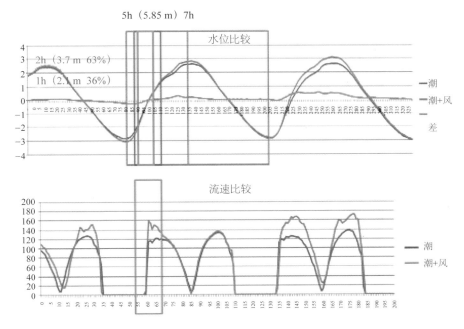

图3-47 "4·15"海难过程海面风作用对比图

　　根据数值模拟结果对当时海洋环境状况的反演，可以看出从4月15日19点50分开始，事故海域潮水迅猛上涨，至21点30分，整个事故海域完全被潮水淹没。从涨潮过程可以看出，潮水的快速上涨和滩涂的大面积快速淹没以及"马腰"的提早淹没是造成此次事故的直接环境因素。事故海域潮水上涨过程见图3-48。

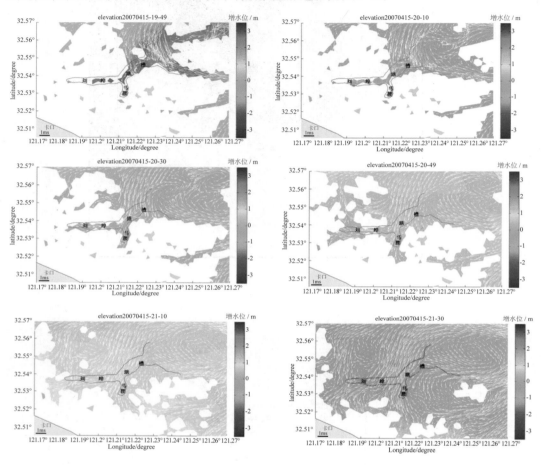

图3-48　2007年"4·15"事故海域涨潮过程

4 "怪潮"灾害监测体系

海洋环境与海洋灾害预报警报体系是防灾减灾工作的一个重要组成部分。苏北浅滩海域拥有世界上独特的辐射沙洲地形地貌，长期以来由于滩槽相间的辐射沙洲脊浅滩地貌限制，海洋观测站点数量少，在海洋环境安全保障体系方面发展相对缓慢，几十年来一直仅有隶属于国家海洋局东海分局的吕四和外磕脚海洋站开展实时水文、气象观测。要实现对"怪潮"灾害的有效监测和预警报，仅靠2个海洋站远远不够，必须在苏北浅滩沿海海难高发区域关键位置建设2～3个观测站点，结合地波雷达站、浮标、潜标、断面调查等多种监测手段，形成苏北浅滩"怪潮"区域监测系统。

自2010年2月监测体系建设以来，经过前期建设方案论证、实地勘查、桩基平台及雷达机房建设、观测仪器和通信系统安装、调试，该专项在苏北辐射沙洲海域建立了3个岸基站、2个桩基平台、1对中程地波雷达站、3个浮标站、3个潜标站，结合东海预报中心卫星遥感监测，形成该海域从空中到水下、由岸基到外海，有13个站点组成多手段、全要素的综合监测体系，目前该系统已被纳入东海预报中心预警报业务化工作中。该体系的建成，不仅填补了该海域海洋观测、监测的空白，同时，可为苏北浅滩海洋学科研究、开展海洋灾害预警报工作提供重要的基础数据。

4.1 监测体系选址

浅滩海域面积广阔，由东沙、竹根沙、蒋家沙、冷家沙、条子泥等大型沙洲组成，在这些沙洲之间分布着西洋、陈家坞槽、苦水洋、黄沙洋、烂沙洋等大型潮流水道，水文状况错综复杂。在这么大的区域内，对"怪潮"急流这一特殊现象进行观测，站位选择是至关重要的。

4.1.1 平台建设选址

辐射状沙脊群位于南通市如东县沿海，属长江三角洲的北翼，海岸绵长，滩涂宽阔。沙脊群分布于水深50 m以浅的区域，南北长200 km，东西宽90 km，面积近$3 \times 10^4 km^2$，平面上以如东的弶港为顶点，呈扇形向外海辐射。在近岸部分，低潮时，出露的大小沙脊总计70余个。"怪潮"激流频发区域位于南黄海辐射沙洲中南部，濒临烂沙洋水道和小庙洪水道两大潮汐通道。

如此大的海域如何选择重要的潮汐通道和"怪潮"灾害多发区域建设监测站位，获取有代表性的水文、气象数据成为关键性的问题。在平台站址选择方面综合考虑了以下五方面因素：重要潮流通道、重点工程区域、"怪潮"多发区域、适合建站、方便工程施工。

Z1平台建设选址建在弶港岸外，该海域是黄沙洋和烂沙洋潮流的集聚点，是两潮波系统最后辐聚的地方，也是辐射沙脊群顶点。在弶港外海移动性驻潮波的控制下，涨潮流自北、东北、东和东南诸方向朝弶港集聚；落潮时，落潮流以弶港为中心呈扇面向外辐散。由于已处于围海开发规划内，考虑到在洋口港已建有海洋站，将该站最终移向东北，最低水深约为10 m，便于工程船只施工。

Z2平台位于烂沙洋潮流向弶港集聚的水道上，形成了辐射状的潮流流场，平均潮差4.6 m，实测最大潮差9.28 m，是我国著名的大潮差、强潮流地区，观测资料非常具有代表性。该海域也是"怪潮"灾害的高发区域，据统计每个"赶海"作业过程平均有6 000～8 000人工作在激流"怪潮"事故频发的危险地带，因激流"怪潮"所引发的海难事故频繁发生，因此在该区域建站非常有必要。同时王颖教授（1998）的研究证明了黄沙洋—烂沙洋潮流通道的稳定性，最低水深约为9 m，满足建站水深要求，也便于工程船只施工。

4.1.2　地波雷达

结合"怪潮"项目的要求，在苏北浅滩海域架设1对中程地波雷达，雷达覆盖范围100 km，可以监控苏北浅滩外围海域表层海流的实时状况，为"怪潮"监测和预警提供基础数据。项目组研究人员与雷达设备提供方武汉德威斯公司一同前往吕四和如东洋口港，进行雷达站建设选址。

雷达站建设需要满足以下几个条件：天线和海水之间距离越近越好，不要超过100 m；附近没有明显的干扰源，如电台或发射机等；为避免过大的信号衰减和其他损害，天线和工作房之间的电缆长度不能大于50 m；雷达机房需要安装空调，保持一定的温度和湿度。在数据获取方面，需要对浅滩海域关键的潮汐通道和"怪潮"灾害多发区域的表层流进行实时监测。

经过现场踏勘和电磁环境测试，一对雷达站分别建在吕四大唐电厂和如东洋口港，可以对黄沙洋、烂沙洋等主要通道以及太阳岛附近海域进行实时监测，获取长期、连续的表层海流数据。

4.1.3　潜标

海洋观测平台受水深影响不能在水浅的地方建造，因此课题组为给预报提供验证数据，设置了2个潜标站位，获取海流和临时潮位观测数据。养殖区1站位于弶港岸外，是辐射沙脊群顶点，涨潮流自北、东北、东和东南诸方向朝弶港聚集，落潮时落潮流以弶港为中心呈扇面向外辐散，地理位置非常重要。

腰沙站位位于冷家沙和腰沙之间，水深比较浅，因此是滩涂养殖作业的密集区域，自2000年以来，已有30余人在此失踪或遇难。由于水深较浅的原因限制而不能建造平台，课题组利用潜标获取海流和潮位数据，加强该海域的监测预警体系建设。

4.1.4 浮标

10 m大浮标位于黄沙洋，用于监测黄沙洋主要通道的海流、海浪。测流浮标主要对太阳岛附近海域进行实时监测，获取长期、连续的表层海流数据。3 m浮标在测流浮标丢失后，作为补充，获取太阳岛附近海域的海流和海浪资料。

4.1.5 断面调查

根据流场调查的需要和苏北浅滩辐射沙洲海域的实际情况，在该海域布设三条调查断面，分别位于自北、东北、东和东南诸方向朝弶港集聚的涨潮流或辐散的落潮流通道上。其中：A断面位于大丰港以南海域，为NE—SW走向；B断面由东沙东侧海域向东南至外磕脚内海域，呈NW—SE走向；C断面由内磕脚海域向南至如东海域，NW—SE走向。其中A断面和B断面布设2个站位，C断面布设3个站位，进行大小潮定点水流观测（26 h）。

4.2 系统组成

监测系统情况见表4-1和图4-1。

表4-1 监测体系组成

序号	站位	监测项目	仪器设备	通讯方式
1	洋口港	水温、盐度、水位、气压、气温、相对湿度、风向、风速、能见度、降水量	SCA11型水位计、YZY4温盐传感器、XFY3型风传感器、HMP45A温湿度传感器、278型气压传感器、SL3型雨量计、CJY-2C能见度仪	通过专线和CDMA传输至南通中心站，再上传至东海预报中心
2	外磕脚平台	气压、气温、相对湿度、风向、风速	FY3型风传感器、HMP45A温湿度传感器、278型气压传感器	通过北斗卫星传输至南通中心站，再上传至东海预报中心

序号	站位	监测项目	仪器设备	通讯方式
3	吕四平台	水温、盐度、水位、气压、气温、相对湿度、风向、风速、降水量	SCA11型水位计、YZY4温盐传感器、XFY3型风传感器、HMP45A温湿度传感器、278型气压传感器、SL3型雨量计	通过CDMA传输至南通中心站，再上传至东海预报中心
4	Z1平台	水温、盐度、水位、气压、气温、相对湿度、风向、风速、剖面流速、流向、波浪、pH值、溶解氧、浊度、叶绿素a	SCA11型水位计、YZY4温盐传感器、XFY3型风传感器、HMP45A温湿度传感器、278型气压传感器、SL3型雨量计、AWAC（600K）、DS5X多参数水质仪	通过微波通信传输至洋口港，再专线南通中心站，或通过北斗卫星传输至南通中心站，再上传至东海预报中心
5	Z2平台	水温、盐度、水位、气压、气温、相对湿度、风向、风速、剖面流速、流向、波浪、pH值、溶解氧、浊度、叶绿素a	SCA11型水位计、YZY4温盐传感器、XFY3型风传感器、HMP45A温湿度传感器、278型气压传感器、SL3型雨量计、AWAC（600K）、DS5X多参数水质仪	通过CDMA传输至南通中心站，再上传至东海预报中心
6	吕四地波雷达	表层流向、流速	OSMAR-S便携式高频地波雷达	通过专线传输至南通中心站，再上传至东海预报中心
7	洋口港地波雷达	表层流向、流速	OSMAR-S便携式高频地波雷达	通过专线传输至南通中心站，再上传至东海预报中心
8	大浮标	波浪、气压、气温、风向、风速、剖面流速、流向（测流装置故障）	ADCP、波浪传感器	通过北斗卫星传输至南通中心站，再上传至东海预报中心
9	3 m浮标	波浪（波高、波周期、波向）、风（风向、风速）、气温、气压、表层水温	波浪传感器、风传感器、气温传感器、气压传感器、水温探头	通过北斗卫星传输至南通中心站，再上传至东海预报中心
10	测流浮标	剖面流速、流向	ADCP（600K）	通过CDMA传输至南通中心站，再上传至东海预报中心
11	养殖区1潜标	剖面流速、流向、水位	ADCP（300K）、波潮仪	数据回放
12	养殖区2潜标	水位	波潮仪	数据回放
13	腰沙潜标	剖面流速、流向、水位	ADCP（300K）、波潮仪	数据回放

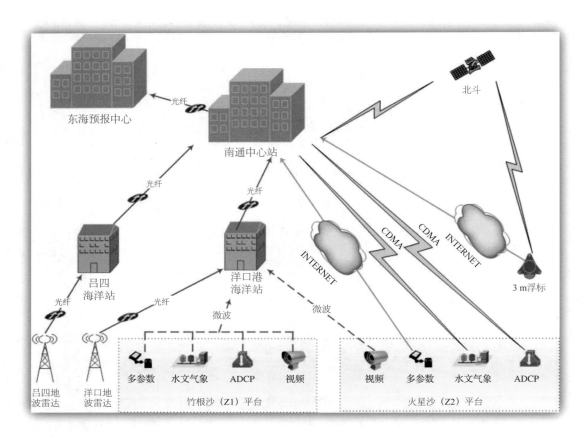

图4-1 监测体系数据传输线路

4.2.1 海洋站

新建洋口港海洋站，海洋环境自动化观测系统由气象子系统、水文子系统和数据处理控制子系统三部分组成（见图4-2）。

气象子系统由气象数据采集器、风速风向传感器、温湿传感器、气压传感器、雨量传感器、能见度仪组成。水文子系统由水文数据采集器、浮子升降传动机构和温盐传感器组成。

观测要素包括：表层水温、表层盐度、水位、风速、风向、气温、气压、相对湿度、降水量、能见度等。

包括已有的吕四海洋站和外磕脚海洋站，观测数据已实现分钟级传输，采用专线、CDMA和海事卫星等多种传输方式，先传输至南通中心站，再上传至东海预报中心。

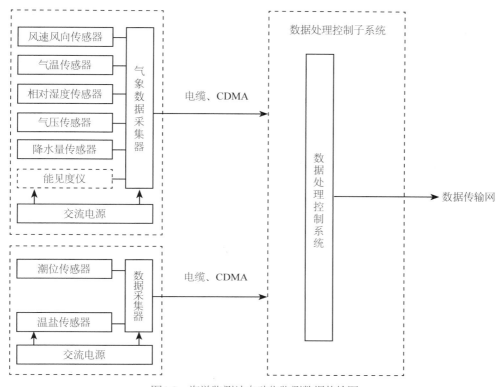

图4-2 海洋监测站自动化监测数据传输图

4.2.2 平台站

系统由平台现场测量系统、岸基接收系统组成。现场测量系统由水文气象自动观测系统、ADCP、多参数水质仪、视频采集系统、电源系统、通信系统、航标灯及避雷系统组成；岸基接收系统由通信设备和接收处理计算机组成，火星沙平台增加激光验潮仪。

水文气象自动观测系统用于测量风速、风向、气温、气压、相对湿度、降水、水温、盐度和潮位；安装ADCP用于测量流速流向；安装多参数水质仪用于监测水质参数；安装视频采集系统用于实时监测平台现场情况。

平台测量系统由太阳能供电。

平台现场测量系统通过以太网接口与交换机连接，交换机与微波通信设备连接，由微波通信设备将测量数据和现场视频传输到洋口港接收站。设在洋口港接收站的微波通信设备接收平台的测量数据和视频图像，由交换机和光电转换器通过光纤将测量数据和视频图像传输到南通工作站，由南通工作站分别对数据和视频进行处理、显示、存储。

竹根沙平台因距大陆较远，电信信号较弱，所以采用微波形式传送至洋口港海洋站，再通过专线传到南通中心站（见图4-3）。火星沙平台采用CDMA方式直接传输南通中心站，视频利用微波传至洋口港海洋站，再通过专线传至南通中心站（见图4-4）。

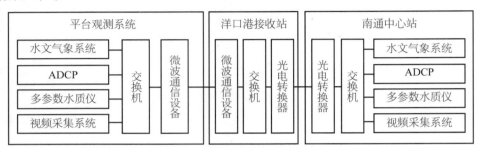

图4-3 竹根沙平台测量接收系统组成

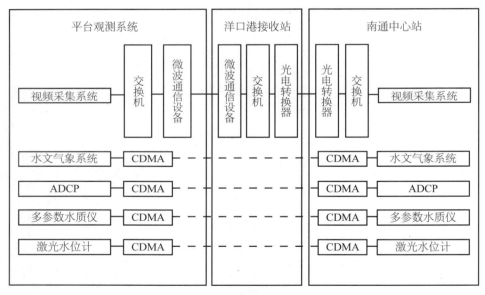

图4-4 火星沙平台测量接收系统组成

4.2.3 地波雷达站

雷达系统包括：接收机、发射机、发射天线、接收天线和采样系统等（见图4-5）。

通信传输系统采用光纤专线的方式将雷达数据传输至南通中心站，在南通中心站将两个雷达站的雷达数据进行合成处理、储存，并上传至东海预报中心。

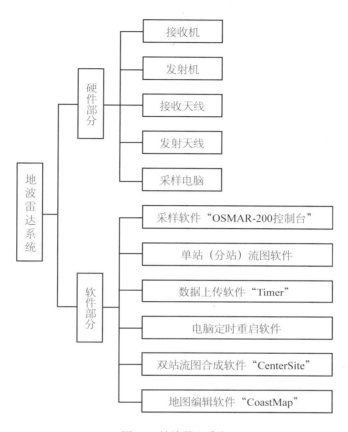

图4-5 地波雷达系统

4.2.4 浮标站

大浮标：浮标自动化系统包括波浪传感器、ADCP、气压传感器、温湿传感器、风传感器，采用太阳能供电，北斗卫星传输系统。

3 m浮标：观测系统包括波浪传感器、水温探头、气温探头、气压传感器和风传感器，采用太阳能供电，北斗卫星传输系统。

测流浮标：观测系统包括ADCP传感器，采用太阳能供电，CDMA传输系统。

4.3 监测数据概况

4.3.1 洋口港站

4.3.1.1 水温

月平均水温、月最高水温和月最低水温变化趋势相一致；并且与气温的变化在时间上有一致性。8月的月平均水温达到最高，为27.9℃；1月的月平均水温最低，为4.1℃。

4.3.1.2　盐度

盐度变化主要体现了冬春季高于夏秋季。8月的月平均盐度以及月最低盐度均为最低，分别为28.0和25.7；2月和4月的月平均盐度最高，均为30.9。

4.3.1.3　水位

多年平均海面为527 cm，其中8月最高，为548 cm，1月和3月最低，为510 cm。最高潮位963 cm，出现在2012年10月17日12时35分，最低潮位125 cm，出现在2010年8月12日7时19分。多年平均高潮位756 cm，多年平均低潮位305 cm。多年平均潮差451 cm，其中9月最大，为480 cm，12月最小，为430 cm。最大潮差776 cm，出现在9月，最小潮差103 cm，出现在3月。

4.3.1.4　风速、风向

洋口港2009—2013年不完全多年风速平均值为6.9 m/s；风速最大值出现在2011年8月7日为26.5 m/s（10级），方向偏北，该大风过程由2011年9号超强台风"梅花"引起；多年最大月平均值出现在12月为7.46 m/s，最小月平均值在10月为6.14 m/s，并且多年各月风速平均值均为4级风；冬半年常风向偏北，而夏半年常风向东南。这与洋口港所处地的温带海洋性气候特征一致；多年统计常风向为东南向；多年3～5级风为主，频率达77%，7级以上风力出现较少（见图4-6）。

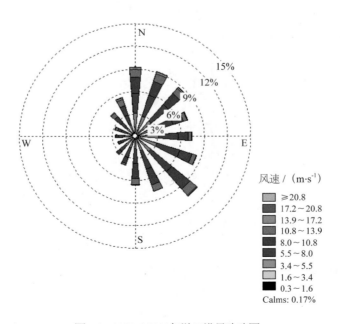

风速 / (m·s⁻¹)

■ ≥20.8
■ 17.2～20.8
■ 13.9～17.2
■ 10.8～13.9
■ 8.0～10.8
■ 5.5～8.0
■ 3.4～5.5
■ 1.6～3.4
■ 0.3～1.6
Calms: 0.17%

图4-6　2009—2013年洋口港风玫瑰图

4.3.1.5　气压

从气压的逐月变化趋势可以看出，1—12月，该站气压表现为先降低后增加的态势，符合天气变化规律。月平均气压最低出现在7月，为1 004.2 hPa；最高出现在1月，为1 027.6 hPa（见图4-7）。

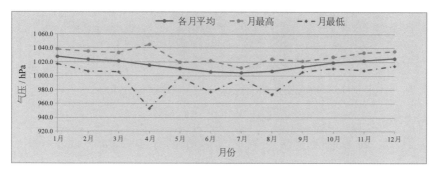

图4-7　洋口港气压逐月变化曲线

4.3.1.6　气温

各月平均气温、月最高气温、月最低气温的总体变化趋势一致，均表现为先增后减的变化特征。月平均气温在8月达到最高，为27.3℃；7月次高，为26.7℃；月平均最低气温则出现在1月，为2.8℃（见图4-8）。

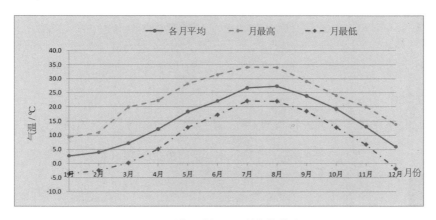

图4-8　洋口港气温逐月变化曲线

4.3.1.7　相对湿度

各月平均相对湿度变化波动不是很大，总体范围在68.5%～87.8%，月平均相对湿度的最低值出现在10月，为68.5%；月平均最低相对湿度出现在4月，为25.0%（见图4-9）。

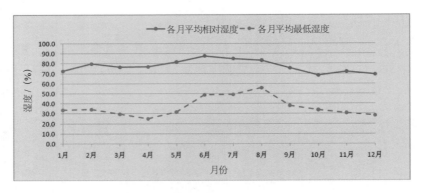

图4-9　洋口港相对湿度逐月变化曲线

4.3.1.8　降水量

全年变化中，7月的降水量（多年月平均降水量为246.7 mm）以及降水日数（多年月平均降水日数为15天）在所有月份中均是最多的，其次为8月（见图4-10）。

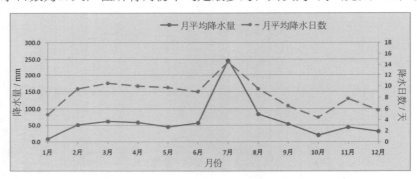

图4-10　洋口港降水量、降水日数逐月变化曲线

4.3.1.9　能见度

根据最低能见度的数据分析，夏秋季节的能见度高于春季（见表4-2）。

表4-2　洋口港能见度（km）月变化

月份	1	2	3	4	5	6	7	8	9	10	11	12
多年平均	10.9	10.6	9.5	8.1	8.5	8.1	缺测	12.4	15.0	18.9	12.5	12.2

4.3.2　竹根沙、火星沙平台监测系统

因竹根沙和火星沙两个监测平台建成较晚，因此对2012年至2013年6月的数据进行了统计分析。

4.3.2.1 表层水温、盐度

现有数据表明，竹根沙和火星沙监测平台水温、盐度数值相近（表4-3至表4-6）。

表4-3 竹根沙平台水温（℃）统计

项目	月份											
	1	2	3	4	5	6	7	8	9	10	11	12
月平均	—	4.4	6.9	12.4	18.7	22.0	25.8	28.3	23.9	20.2	13.1	7.1
月最高	—	5.4	10.5	16.3	21.3	24.7	29.6	30.2	27.5	22.0	17.8	10.5
月最低	—	2.9	5.0	9.3	15.5	19.5	23.0	25.9	21.3	17.7	10.1	2.2

表4-4 火星沙平台水温（℃）统计

项目	月份											
	1	2	3	4	5	6	7	8	9	10	11	12
月平均	4.5	5.1	7.5	12.6	18.5	21.7	25.2	—	—	—	14.5	8.6
月最高	5.5	6.9	10.3	16.3	21.1	24.2	28.5				18.5	11.6
月最低	3.6	3.5	4.3	9.6	15.1	19.5	22.7				11	5.7

注：2012年8—10月火星沙平台温盐仪器故障，无数据。

表4-5 竹根沙平台盐度统计

项目	月份											
	1	2	3	4	5	6	7	8	9	10	11	12
月平均	—	30.0	30.2	29.9	29.4	28.7	26.9	22.7	25.5	26.1	22.4	22.7
月最高	—	30.5	30.8	31.0	31.1	30.0	28.7	29.3	29.3	28.6	24.1	24.3
月最低	—	29.1	26.8	27.5	26.8	27.3	24.8	1	18	23	20.4	16.5

表4-6 火星沙平台盐度统计

项目	月份											
	1	2	3	4	5	6	7	8	9	10	11	12
月平均	30.4	29.9	29.9	30.7	29.8	27.5	26.7	—	—	—	29.7	27.7
月最高	30.7	30.9	31.0	31.3	30.8	28.1	27.3				30.1	30.7
月最低	30.1	29.6	27.4	29.9	27.3	25.7	26				29.4	0.2

注：2012年8—10月火星沙平台温盐仪器故障，无数据。

4.3.2.2　水位

　　根据2012年2月至2013年6月的统计数据分析,竹根沙站位平均潮差4.22～4.85 m,最大潮差为7.11 m;火星沙站位平均潮差4.04～4.46 m,最大潮差为6.48 m。竹根沙站位落潮历时略长,而火星沙站位正好相反(见表4-7至表4-12)。

表4-7　竹根沙平台各月潮位特征值(测站基面)(cm)

项目	月份												年
	1	2	3	4	5	6	7	8	9	10	11	12	
平均潮位	463	463	467	468	480	487	489	506	495	488	475	467	479
最高潮位	779	820	845	789	839	821	802	856	891	890	805	806	891
最低潮位	168	129	151	143	133	139	162	133	139	159	151	160	129
平均高潮位	684	688	694	695	707	722	726	759	737	725	700	688	710
平均低潮位	261	258	259	258	267	266	270	272	269	269	267	265	265

表4-8　竹根沙平台潮差特征值(cm)

项目	月份												年
	1	2	3	4	5	6	7	8	9	10	11	12	
平均潮差	423	429	436	439	440	457	455	485	467	455	432	422	445
最大潮差	611	612	652	637	680	665	638	706	711	706	648	634	711
最小潮差	164	161	102	171	239	259	217	167	157	171	219	247	102

表4-9　竹根沙平台平均涨落潮历时

项目	月份												年
	1	2	3	4	5	6	7	8	9	10	11	12	
平均涨潮历时	6h 4min	6h 6min	6h 6min	6h 6min	6h 6min	6h 4min	6h 6min	6h 10min	6h 5min	6h 5min	6h 5min	6h 7min	6h 6min
平均落潮历时	6h 21min	6h 20min	6h 20min	6h 21min	6h 20min	6h 21min	6h 20min	6h 15min	6h 20min	6h 20min	6h 20min	6h 18min	6h 20min
平均历时差	−17min	−14min	−14min	−15min	−14min	−17min	−14min	−5min	−15min	−15min	−15min	−9min	−14min

表4-10　火星沙平台各月潮位特征值（测站基面）（cm）

项目	月份												年
	1	2	3	4	5	6	7	8	9	10	11	12	
平均潮位	—	508	—	—	528	537	541	559	—	—	—	—	
最高潮位	—	846	—	—	827	830	833	877	—	—	—	—	
最低潮位	—	168	—	—	211	197	213	203	—	—	—	—	
平均高潮位	—	711	—	—	731	749	754	785	—	—	—	—	
平均低潮位	—	307	—	—	328	330	332	337	—	—	—	—	

表4-11　火星沙平台潮差特征值（cm）

项目	月份												年
	1	2	3	4	5	6	7	8	9	10	11	12	
平均潮差	—	405	—	—	404	419	421	446	—	—	—	—	
最大潮差	—	594	—	—	611	633	616	648	—	—	—	—	
最小潮差	—	134	—	—	230	224	183	130	—	—	—	—	

表4-12　火星沙平台平均涨落潮历时

项目	月份												年
	1	2	3	4	5	6	7	8	9	10	11	12	
平均涨潮历时	—	6h13min	—	—	6h17min	6h20min	6h21min	6h24min	—	—	—	—	
平均落潮历时	—	6h11min	—	—	6h8min	6h5min	6h5min	6h1min	—	—	—	—	
平均历时差	—	2min	—	—	9min	15min	16min	23min	—	—	—	—	

4.3.2.3　海流

　　火星沙平台AWAC海流资料统计分析时段为2012年12月21日至2013年5月7日，其中部分月份因仪器故障数据缺失。统计数据表明，涨潮最大流速总体上比落潮最大流速稍大一些，也有个别月份落潮最大流速略大。总体上涨潮各层最大流速在2.5 m/s以内，垂线平均流速在1.5 m/s以内；落潮各层最大流速在2.3 m/s以内，垂线平均流速在1.7 m/s以内（见表4-13和表4-14）。

表4-13 实测涨潮最大流速（m·s⁻¹）、流向（°）

月份	表层		0.2H		0.4H		0.6H		0.8H		底层		垂线	
	V	D	V	D	V	D	V	D	V	D	V	D	V	D
1	1.33	253	1.27	274	1.25	267	1.20	279	1.14	275	1.05	286	1.19	272
2	1.13	304	0.94	287	0.88	277	0.86	308	0.83	301	0.95	312	0.83	297
3	1.40	272	1.32	293	1.25	285	1.25	294	1.18	298	1.07	291	1.19	290
4	1.71	252	1.46	201	1.45	140	1.34	251	1.28	195	1.13	174	1.30	210
5	1.96	220	1.55	296	1.53	33	1.40	357	1.33	231	1.19	301	1.39	291
6	2.00	296	1.53	286	1.47	79	1.32	42	1.17	91	1.21	359	1.32	347
7	2.04	254	1.65	248	1.49	24	1.42	4	1.27	352	1.14	358	1.37	327
8	1.69	289	1.93	139	1.64	172	2.30	45	2.09	187	1.55	299	1.26	349
9	2.04	4	2.08	39	1.68	207	1.43	286	1.29	153	1.08	236	1.47	273
12	1.82	238	1.98	196	2.49	218	2.01	214	1.77	256	1.74	285	1.33	213

表4-14 实测落潮最大流速（m·s⁻¹）、流向（°）

月份	表层		0.2H		0.4H		0.6H		0.8H		底层		垂线	
	V	D	V	D	V	D	V	D	V	D	V	D	V	D
1	1.24	135	1.26	153	1.23	197	1.26	179	1.06	152	1.06	194	1.14	162
2	0.86	191	0.99	184	0.91	157	0.97	155	0.90	172	1.04	124	0.90	167
3	1.47	128	1.29	145	1.27	121	1.14	132	1.02	133	1.03	25	1.13	113
4	1.35	290	1.43	54	1.35	111	1.21	162	1.05	130	0.90	202	1.16	130
5	1.16	202	1.34	128	1.33	90	1.01	80	0.82	38	0.76	74	1.00	94
6	1.22	65	1.38	54	1.34	111	0.98	105	0.88	84	0.78	122	0.99	95
7	1.40	137	1.35	96	1.36	110	1.15	111	0.94	107	0.76	98	1.06	109
8	2.13	6	2.27	60	2.09	71	2.02	66	2.00	98	1.97	120	1.63	72
9	0.90	222	1.03	177	1.11	161	1.04	1	0.95	254	0.78	74	0.97	49
12	1.74	174	2.07	176	2.12	182	1.53	174	1.50	188	1.82	292	1.06	180

4.3.2.4 波浪

火星沙平台AWAC波浪资料统计分析时段为2011年12月至2013年5月。总体而言，火星沙平台海域冬季波向以NEN为主，而夏季以ESE为主；平均波高均在1 m以内，最大波高为7.1 m，出现在2012年8月27日23时47分，是由1215号超强台风"布拉万"导致的（见表4-15和表4-16）。

表4-15   火星沙平台AWAC浪向分析

时间	常浪向	常浪向概率/(%)	次常浪向	次常浪向概率/(%)	强浪向（有效波高不低于1.25 m）	强浪向概率/(%)
2011年12月	ENE	35.6	E	28.9	—	—
2012年1月	E	34.8	ENE	25.6	ENE	44.9
2012年2月	ESE	28.4	E	26.2	ENE	73.1
2012年3月	E	44.5	ENE	20.4	E	41.7
2012年4月	ESE	35.6	E	22.3	ESE	35.5
2012年5月	ESE	61.2	SE	23.0	SE	100.0
2012年6月	ESE	77.4	E	12.2	ESE	86.4
2012年7月	E	33.6	ENE	32.4	ENE	100.0
2012年8月	ENE	19.7	ESE	11.3	ENE	25.2
2012年9月	ESE	32.1	E	25.0	—	—
2012年10月	—	—	—	—	—	—
2012年11月	—	—	—	—	—	—
2012年12月	W	12.6	S	12.6	SW	14.3
2013年1月	ENE	9.2	WNW	8.9	WNW	21.3
2013年2月	ESE	9.8	WNW	7.8	ESE	12.2
2013年3月	SW	10.0	WNW	7.6	WNW	11.7
2013年4月	SE	10.8	WNW	9.6	SE	16.5
2013年5月	ESE	15.0	SE	9.5	—	—

表4-16   火星沙平台AWAC波高分析

时间	平均波高平均值/m	平均周期平均值/s	有效波高平均值/m	1/10波高平均值/m	最大波高/m	最大波高对应周期/s	最大波高出现时间
2011年12月	0.58	4.49	0.62	0.72	1.8	7	2011年12月24日11时47分
2012年1月	0.70	4.82	0.75	0.87	4.3	13.5	2012年1月21日9时47分
2012年2月	0.75	4.73	0.81	0.95	3.6	7	2012年2月6日23时47分
2012年3月	0.57	4.40	0.61	0.71	2.8	7.8	2012年3月9日9时47分
2012年4月	0.60	4.69	0.65	0.76	2.7	9.5	2012年4月3日9时47分
2012年5月	0.47	4.63	0.52	0.60	2.3	7	2012年5月1日18时47分
2012年6月	0.61	5.09	0.67	0.78	2.5	8	2012年6月26日13时47分
2012年7月	0.43	2.67	0.47	0.54	2.2	18.5	2012年7月19日0时47分

续表

时间	平均波高平均值/m	平均周期平均值/s	有效波高平均值/m	1/10波高平均值/m	最大波高/m	最大波高对应周期/s	最大波高出现时间
2012年8月	0.77	3.64	1.10	1.35	7.1	—	2012年8月27日23时47分
2012年9月	0.42	2.81	0.54	0.68	1.6	—	2012年9月1日6时47分
2012年10月	—	—	—	—	—	—	—
2012年11月	—	—	—	—	—	—	—
2012年12月	0.74	3.79	1.18	1.50	4.4	—	2012年12月29日21时47分
2013年1月	0.35	3.70	0.56	0.71	3.7	—	2013年1月17日14时47分
2013年2月	0.45	3.70	0.72	0.92	4.9	—	2013年2月18日13时57分
2013年3月	0.52	3.82	0.83	1.05	6.5	—	2013年3月1日11时57分
2013年4月	0.46	3.66	0.73	0.93	6.7	—	2013年4月6日9时7分
2013年5月	0.17	3.65	0.27	0.34	1.0	—	2013年5月1日1时47分

4.3.2.5 风向、风速

竹根沙2012年1月至2013年6月风速年平均值为7.0 m/s，风速最大值出现在2012年8月28日为23.0 m/s（9级），方向偏北，该大风过程由1215号超强台风"布拉万"引起。据不完全年统计，最大月平均值出现在8月为8.5 m/s，最小月平均值在10月为5.9 m/s。冬半年常风向偏北，夏半年常风向东南；多年常风向为东南向，多年3～5级风为主，频率达77%，7级以上风力出现较少（见图4-11）。

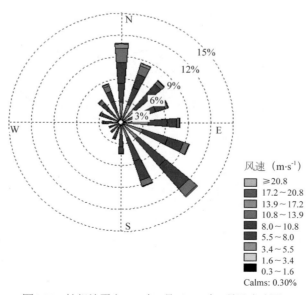

风速（m·s⁻¹）
≥20.8
17.2～20.8
13.9～17.2
10.8～13.9
8.0～10.8
5.5～8.0
3.4～5.5
1.6～3.4
0.3～1.6
Calms: 0.30%

图4-11 竹根沙平台2012年1月至2013年6月风玫瑰图

火星沙2011年12月至2013年6月风速年平均值为6.8 m/s，风速最大出现在2012年4月3日为22.0 m/s（9级），方向西北，该大风过程是由黄海气旋和蒙古高压共同影响所致。据不完全年统计，最大月平均值出现在8月为8.5 m/s，最小平均值在10月为4.26 m/s（由于10月数据缺测较多，本值仅供参考）。冬半年常风向为偏北，夏半年常风向为SE—SSE；多年常风向为东南向，多年3～5级风为主，频率达78%，7级以上风力出现较少（见图4-12）。

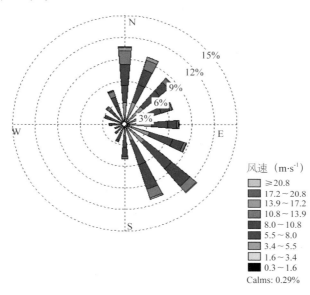

图4-12 火星沙平台2011年12月至2013年6月风玫瑰图

综上，竹根沙和火星沙平台年平均风速，月最大、最小值出现月份，主导风速以及主导风向均基本一致，且这些特征与洋口港测站分析结果吻合，充分体现了所处地的温带海洋性气候特征。

4.3.2.6 气压

统计结果表明，竹根沙和火星沙监测平台气压基本一致，月平均最高、最低气压分别出现在1月、7月（见表4-17和表4-18）。

表4-17 竹根沙平台气压计算结果 单位：hPa

气压	月份											
	1	2	3	4	5	6	7	8	9	10	11	12
月平均	1 026.2	1 024.4	1 019.2	1 012.7	1 013.8	1 005.0	1 003	1 004.5	1 013	1 017.8	1 019.8	1 024.7
月最高	1 039.8	1 036.1	1 032.8	1 023.6	1 019.3	1 015.6	1 011.3	1 012.5	1 018.8	1 023.6	1 027.6	1 034.5
月最低	1 017.1	1 007.9	1 005.6	977.6	998.7	995.1	994.2	991.7	1 005.9	1 011.3	1 008.0	1 014.1

表4-18　火星沙平台气压（hPa）计算结果

气压	月份											
	1	2	3	4	5	6	7	8	9	10	11	12
月平均	1 026.5	1 024.5	1 019.5	1 013.1	1 010.1	1 005.4	1 003.7	1 004.8	1 013.3	—	1 019.9	1 024.9
月最高	1 038.5	1 035.8	1 033.0	1 024.0	1 019.6	1 015.9	1 011.9	1 013.1	1 019.1	—	1 027.8	1 034.8
月最低	1 017.1	1 008.2	1 006.4	998.3	999.9	995.8	995.2	991.4	1 006	—	1 008.7	1 014.5

注：2012年10月火星沙平台气压缺测。

4.3.2.7　气温

统计结果表明，竹根沙和火星沙监测平台气温相近，月平均气温最低值出现在1月，月最高、月最低气温均分别出现在8月、2月（见表4-19和表4-20）。

表4-19　竹根沙平台气温（℃）计算结果

气温	月份											
	1	2	3	4	5	6	7	8	9	10	11	12
月平均	3.2	3.7	7.2	12.4	18.0	21.2	25.8	27.5	22.9	19.3	11.8	5.3
月最高	8.4	8.8	19.0	21.5	25.0	27.8	30.3	30.4	26.5	23.8	18.3	11.3
月最低	−1.2	−3.0	1.5	6.1	12.6	18.0	21.8	22.9	19.4	11.0	6.3	−3.1

表4-20　火星沙平台气温（℃）计算结果

气温	月份											
	1	2	3	4	5	6	7	8	9	10	11	12
月平均	4.1	4.1	7.5	12.8	18.3	21.2	26.2	27.5	23.1	—	12.4	6.3
月最高	8.4	9.6	22.3	22.6	25.9	28.9	31.5	31.7	27.3	—	18	13
月最低	−1.7	−2.8	1.7	6.3	12.4	18.0	21.4	22	18.3	—	6.5	−1.5

注：2012年10月火星沙平台气温缺测。

4.3.2.8　相对湿度

统计结果表明，竹根沙平台和火星沙平台的相对湿度在夏季6月、7月、8月3个月高于其他月份（见表4-21和表4-22）。

表4-21　竹根沙平台相对湿度（%）计算结果

相对湿度	月份											
	1	2	3	4	5	6	7	8	9	10	11	12
月平均	72	73	75	73	80	85	86	81	68	64	59	63
月最低	20	32.5	34	31.5	40.5	60	70	42	31	32	24	24

表4-22 火星沙平台相对湿度（%）计算结果

相对湿度	月份											
	1	2	3	4	5	6	7	8	9	10	11	12
月平均	70.5	75	77	77.5	82	87	87	83	70	—	61	63
月最低	36	33	31	29	40.5	62.0	59	52	32	—	22	26

注：2012年10月火星沙平台相对湿度缺测。

4.3.2.9 降水量

统计结果表明，竹根沙和火星沙监测平台降水量的逐月变化特征基本一致，7月月平均降水量以及日最大降水量均高于其他月（见表4-23和表4-24）。

表4-23 竹根沙平台降水量计算结果

降水	月份											
	1	2	3	4	5	6	7	8	9	10	11	12
月平均降水量/mm	6.3	47.7	49.7	33.8	40.4	24.7	271.4	29.1	159.7	32.4	34.8	67.9
日最大降水量/mm	3.8	15.7	27.3	11.8	16.6	9.9	69.3	24.5	120.2	14.0	9.2	16.1
月平均降水日数/天	4.0	10.5	7.5	9.0	13.0	11.0	12.0	7.0	9.0	6.0	9.0	9.0

表4-24 火星沙平台降水量计算结果

降水	月份											
	1	2	3	4	5	6	7	8	9	10	11	12
月平均降水量/mm	8.5	53.7	53.4	42.7	35.5	63.9	241.8	34.7	120.9	—	61.4	39.5
日最大降水量/mm	3.4	17.7	21.5	12.7	16.2	28.6	71.8	11	45.4	—	18.4	13.2
月平均降水日数/天	5.5	12.5	10.0	9.0	13.5	11.5	12.0	8.0	8.0	—	11.0	7.0

注：2012年10月火星沙平台降水数据缺测。

4.3.3 浮标监测系统

4.3.3.1 10 m浮标监测系统

对2011年8月至2013年6月10 m大浮标的数据进行了统计分析。

1）波浪

统计发现10 m浮标常浪向月度变化较大，强浪向在春夏季主要为E向和ESE向，秋季以WSW向为主，冬季浪向不符合季节特征，通过统计分析，10 m浮标的浪向与实际浪向可能有一定偏差。平均波高在1 m以内，最大波高为6.3 m，出现过两次，第一次出现在2011年8月7日11时00分，由1109号超强台风"梅花"引起，第二次出现在2012年8月27日20时30分，由1215号超强台风"布拉万"引起（见表4-25和表4-26）。

表4-25　10 m浮标浪向分析结果

时间	常浪向	常浪向概率/(%)	次常浪向	次常浪向概率/(%)	强浪向（有效波高不小于1.25 m）	强浪向概率/(%)
2011年8月	ENE	26.9	E	16.5	NE	24.5
2011年9月	WSW	11.8	NNE	11.2	W	20.6
2011年10月	WNW	15.1	W	10.2	W	24.5
2011年11月	W	8.8	WSW	8.7	WSW	14.1
2011年12月	NNE	10.8	WSW	10.2	WSW	15.2
2012年1月	W	12.7	WNW	10.4	WSW	21.2
2012年2月	W	12.1	WSW	11.8	WSW	21.5
2012年3月	ESE	11.3	E	9.3	W	21.2
2012年4月	ESE	17.8	E	12.7	ESE	31.4
2012年5月	NNE	10.7	ESE	10.1	ESE	21.9
2012年6月	NW	12.1	SSW	11.3	WNW	13.3
2012年7月	S	14.0	WNW	10.9	WNW	100.0
2012年8月	S	9.7	NE	8.0	ENE	12.4
2012年9月	S	9.4	WSW	8.9	WSW	16.0
2012年10月	SW	10.0	S	9.3	WSW	19.8
2012年11月	S	10.6	SW	9.4	S	12.1
2012年12月	SW	12.0	W	9.7	SW	18.7
2013年1月	N	12.5	NNE	11.2	SW	22.7
2013年2月	ENE	9.8	W	9.4	ENE	18.8
2013年3月	E	17.4	WSW	16.3	W	100.0
2013年4月	N	14.1	NE	8.6	NE	17.8
2013年5月	ESE	25.0	SE	20.3	E	31.0
2013年6月	ESE	39.4	E	24.3	E	33.3

表4-26　10 m浮标波高分析结果

时间	平均波高平均值/m	平均周期平均值/s	有效波高平均值/m	1/10波高平均值/m	最大波高/m	最大波高对应周期/s	最大波高出现时间
2011年8月	0.58	5.53	0.89	1.10	6.3	7.5	2011年8月7日11时00分
2011年9月	0.62	5.66	0.95	1.18	5.5	8.5	2011年9月18日12时30分
2011年10月	0.43	5.11	0.67	0.83	4	7	2011年10月2日5时30分
2011年11月	0.56	5.37	0.86	1.07	5.4	8.5	2011年11月3日12时30分
2011年12月	0.54	5.09	0.82	1.02	4.5	7	2011年12月8日10时00分
2012年1月	0.52	5.28	0.79	0.99	4.5	6.5	2012年1月21日8时30分
2012年2月	0.57	5.31	0.87	1.08	4.6	8	2012年2月7日2时30分
2012年3月	0.44	5.24	0.68	0.84	3.7	6	2012年3月9日10时30分
2012年4月	0.42	5.14	0.65	0.81	4.4	5.5	2012年4月3日7时00分
2012年5月	0.36	5.60	0.56	0.69	2.7	5.5	2012年5月30日17时00分
2012年6月	0.47	5.71	0.73	0.90	3	6.5	2012年6月26日13时30分
2012年7月	0.33	5.24	0.50	0.63	2.2	10.5	2012年7月18日22时30分
2012年8月	0.72	5.72	1.11	1.38	6.3	13	2012年8月27日20时30分
2012年9月	0.50	5.04	0.77	0.96	4.7	7	2012年9月16日23时00分
2012年10月	0.46	5.31	0.70	0.87	4.4	7	2012年10月30日10时30分
2012年11月	0.56	5.11	0.86	1.08	4.4	7	2012年11月11日7时00分
2012年12月	0.64	5.31	0.98	1.22	4.2	7.5	2012年12月29日23时30分
2013年1月	0.40	5.05	0.60	0.75	3.5	6.5	2013年1月17日15时00分
2013年2月	0.47	5.27	0.71	0.90	4.3	8	2013年2月7日20时30分
2013年3月	0.46	5.21	0.70	0.87	2.4	5	2013年3月25日6时00分
2013年4月	0.52	5.04	0.80	0.99	5.5	8	2013年4月6日10时00分
2013年5月	0.42	4.44	0.63	0.78	3.9	5.2	2013年5月26日23时00分
2013年6月	0.47	4.41	0.72	0.87	5.5	6.2	2013年6月8日9时00分

2）风

统计2011年8月至2012年12月的资料（2013年1—4月仪器故障，数据缺测，5月6日起改为3 m标），结果表明，该段时间内，年平均风速为5.9 m/s；常风向为E—NE向，其中NE向出现频率11.2%，ENE向出现频率为10.5%，E向出现频率为10.0%；风力3～5级为主，占频率的77%，这与洋口港和2个平台站的统计结果基本一致（见表4-27和图4-13）。

表4-27 2011年8月至2012年12月各月风速（m·s⁻¹）最大值

项目	月份												年
	1	2	3	4	5	6	7	8	9	10	11	12	
最大风速	16.8	19.2	14.3	18.6	19.6	11.5	14.4	24.3	20.4	16.5	18.8	18.6	24.3

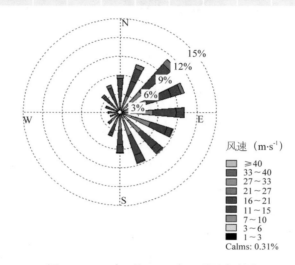

图4-13 2011年8月至2012年12月风玫瑰图

3）气压、气温、相对湿度

大浮标的气压、气温和相对湿度的统计结果与洋口港及平台数据的变化趋势一致（见表4-28至表4-30）。

表4-28 10 m浮标气压（hPa）计算结果

气压	月份											
	1	2	3	4	5	6	7	8	9	10	11	12
月平均	1 031.3	1 029.1	1 024.9	1 017.1	1 013.3	1 007.4	1 007.1	1 006.2	1 013.3	1 022.0	1 024.9	1 031.5
月最高	1 043.2	1 040.8	1 037.4	1 028.3	1 024.2	1 017.9	1 016.4	1 013.4	1 020.2	1 028.2	1 034.7	1 040.6
月最低	1 021.5	1 012.5	1 012.7	1 001.6	1 001.6	997.5	998.0	987.6	1 006.2	1 015.0	1 012.0	1 020.6

表4-29 10 m浮标气温（℃）计算结果

气温	月份											
	1	2	3	4	5	6	7	8	9	10	11	12
月平均	4.1	2.7	6.0	12.0	17.1	20.3	24.9	26.3	23.3	19.9	15.8	7.0
月最高	7.1	7.7	14.1	17.3	22.6	25.3	29.2	30.4	26.8	22.6	20.2	13.1
月最低	-1.7	-3.4	0.1	5.1	12.4	16.9	19.8	21.8	19.4	13.8	8.8	1.1

表4-30　10 m浮标相对湿度（℃）计算结果

相对湿度	月份											
	1	2	3	4	5	6	7	8	9	10	11	12
月平均	73.1	79.8	87.4	92.2	95.5	98.5	98.6	95.9	77.4	68.0	71.3	71.1
月最低	42.0	40.5	35.0	45.5	55.0	78.0	69	65.5	36.0	40.0	32.5	34.0

4.3.3.2　3 m浮标监测系统

1）波浪

通过对3 m标波浪数据的统计，波向在冬季以ENE向为主，夏季以E向为主。平均波高在0.5 m以下，最大波高为3.7 m，出现过两次，第一次出现在2012年8月28日10时30分，由1215号超强台风"布拉万"引起，第二次出现在2013年6月8日13时00分，由一次低压出海过程引起（见表4-31和表4-32）。

表4-31　3 m浮标浪向分析

时间	常浪向	常浪向概率/(%)	次常浪向	次常浪向概率/(%)	强浪向（有效波高不低于1.0 m）	强浪向概率/(%)
2012年4月	ESE	25.7	E	16.8	NW	32.0
2012年5月	ESE	21.4	E	17.6	SE	33.3
2012年6月	ESE	27.7	E	23.8	ESE	33.3
2012年7月	E	18.4	SE	16.1	SE	100.0
2012年8月	E	18.1	ENE	17.9	NE	18.2
2012年9月	E	21.7	ENE	19.2	NE	21.0
2012年10月	E	22.3	ENE	20.2	ENE	27.5
2012年11月	E	14.9	WNW	11.7	E	42.9
2012年12月	ENE	23.3	NE	22.4	WNW	33.3
2013年1月	E	23.0	ENE	20.6	NNE	25.0
2013年2月	ENE	43.5	E	32.9	NE	81.4
2013年3月	ENE	34.6	E	30.4	NE	65.6
2013年4月	E	36.6	ENE	35.8	NE	79.7
2013年5月	E	46.4	ENE	36.7	E	39.3
2013年6月	E	50.3	ENE	39.3	E	47.8

表4-32　3m浮标波高分析

时间	平均波高平均值/m	平均周期平均值/s	有效波高平均值/m	1/10波高平均值/m	最大波高/m	最大波高对应周期/s	最大波高出现时间
2012年4月	0.26	3.77	0.38	0.47	2.8	5	2012年4月25日14时00分
2012年5月	0.23	3.79	0.33	0.41	1.9	4.5	2012年5月12日13时00分
2012年6月	0.29	3.90	0.43	0.52	2.0	5	2012年6月26日22时30分
2012年7月	0.22	3.73	0.33	0.40	1.9	12	2012年7月19日0时00分
2012年8月	0.42	4.03	0.63	0.77	3.7	10.5	2012年8月28日10时30分
2012年9月	0.32	3.76	0.48	0.59	3.2	6.5	2012年9月17日0时00分
2012年10月	0.26	3.90	0.39	0.47	2.7	6	2012年10月17日13时00分
2012年11月	0.27	3.61	0.40	0.50	2.0	5	2012年11月3日15时30分
2012年12月	0.40	3.80	0.59	0.73	3.0	6.5	2012年12月30日0时30分
2013年1月	0.20	3.86	0.29	0.36	2.1	5	2013年1月2日14时00分
2013年2月	0.25	4.16	0.36	0.44	2.6	5.5	2013年2月7日10时00分
2013年3月	0.27	5.70	0.40	0.52	2.7	6	2013年3月1日15时30分
2013年4月	0.26	4.97	0.39	0.49	2.4	5	2013年4月20日7时30分
2013年5月	0.26	3.96	0.38	0.46	2.1	4	2013年5月27日1时30分
2013年6月	0.26	4.01	0.38	0.46	3.7	6.5	2013年6月8日13时00分

2）风

通过对2012年4月至2013年6月的数据统计，3m浮标测得常风向为SE向，出现频率为20.0%，ESE—SSE向的出现频率高达44.7%；风速与其他监测站位统计结果吻合，主要为5级以下，2～5级风的频率为94.2%（表4-33、表4-44和图4-14）。

表4-33　2012年4月至2013年6月各月风速最大值

年	月	日	时	风向/(°)	最大风速/(m·s⁻¹)
2012	4	3	3:46	329	16.3
2012	5	17	4:27	321	14.0
2012	6	14	21:41	140	10.9
2012	7	4	1:23	345	11.3
2012	8	28	9:05	2	14.9
2012	9	16	16:48	34	13.3
2012	10	17	11:59	352	13.0
2013	4	6	3:16	3	14.8
2013	5	26	16:00	151	13.6
2013	6	8	6:07	61	15.1

表4-34   2012年4月至2013年6月各月平均值

年	月	平均风速/(m·s⁻¹)
2012	4	5.3
2012	5	4.6
2012	6	5.3
2012	7	4.9
2012	8	6.8
2012	9	5.9
2012	10	4.8
2013	4	7.1
2013	5	6.0
2013	6	5.2
2012—2013	以上月	5.5

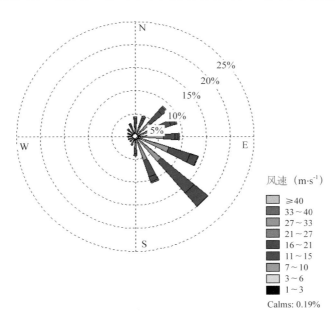

图4-14   2012年4月至2013年6月（不全）风玫瑰图

3）气压、气温、水温

通过对气压、气温以及水温3个要素的数据统计，3 m浮标的气象要素的月变化特征与其他站位基本一致。气压的月平均最大值出现在1月，气温和水温的月平均最大值都出现在8月（见表4-35）。

表4-35 3m浮标气压、气温、水温计算结果

要素		月份											
		1	2	3	4	5	6	7	8	9	10	11	12
气压 /hPa	月平均	1 026.5	1 025.3	1 019.1	1 013.5	1 010.4	1 005.6	1 003.9	1 004.8	1 013.1	1 017.9	—	—
	月最高	1 040.1	1 036.1	1 034.9	1 024.5	1 020.0	1 016.1	1 012.4	1 012.8	1 019.5	1 023.7	—	—
	月最低	1 017.5	1 009.0	1 004.5	998.4	999.9	995.6	995.3	992.1	1 006.0	1 011.2	—	—
气温 /℃	月平均	3.2	4	7	12.4	17.9	20.9	26.3	27.9	23.4	19.7	—	—
	月最高	9	10.1	19	21.9	26.2	28.2	32.8	32.8	27.9	23.5	—	—
	月最低	−1	−3.1	1.2	5.8	12.4	17.7	21.6	23.2	19.2	12.6	—	—
水温 /℃	月平均	4.3	7.1	9.5	12.6	18.4	21.8	25.8	28.5	24.4	20.6	—	—
	月最高	7.5	10.6	13	17.0	21.9	25.4	30.1	30.8	28.5	23	—	—
	月最低	0.8	4.5	7.2	8.9	14.8	19.4	22.8	25.3	21.1	17	—	—

注：2012年11—12月数据缺测。

5 "怪潮"灾害预警报系统

苏北浅滩滩槽相间，地形复杂，地貌起伏多变，水动力三维特性明显，受东海、黄海潮波共同作用，风、波浪、环流等因素的影响，模拟和预报其流场有比较大的难度。一直以来，受制于缺乏精细化的地形数据和数值模型的发展，针对苏北浅滩海域的数值模拟工作基本还以网格分辨率较粗的趋势性模拟为主，模拟精度相对较低，并且难以刻画出复杂滩槽地形对潮波变形和局部海域"马腰"过水的过程。

以高精度地形数据为基础，采用国际先进的气象、环流、海浪模式，建立了苏北海域高分辨率风、流、浪数值模式。通过大量海洋观测资料，进行模型的充分率定和检验，在高性能计算机上实现自动化运行，最终建立了一套可用于业务化运行的数值预报模型系统，有效填补了苏北海域海洋数值预报工作的空白，实现了对苏北浅滩海域全空间、高时空分辨率、较高准确率的预报，其成果对于国内开展特定海域的海洋环境数值预报工作也具有一定的借鉴和示范效果。

除利用数值预报模型系统开展常规风、水位、海流、浪预报外，针对滩涂养殖作业需求，在数值预报基础上，制作了用于滩涂养殖的"激流"预报、潮水涨至养殖区域的时间预报、潮位急涨预报三种专题警示信息，这虽未从根本上解决"怪潮"的预报难题，但通过警示信息，仍能对滩涂养殖作业安全保障起到一定促进作用。

5.1 精细化数值预警报系统

5.1.1 精细化数值模式设计架构

针对苏北浅滩特殊的海底地貌特征，研发苏北浅滩精细化海洋、气象数值预报系统，该系统潮汐和海流模式采用FVCOM（Finite-Volume Coastal Ocean Model）模式、海浪模式采用SWAN（Simulating WAves Nearshore）模式、气象模式采用WRF（Weather Research&Forecasting model）模式研发。该系统经过大量、系统的后报检验，最终实现业务化运行（见图5-1）。

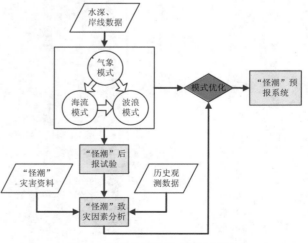

图5-1　精细化数值模式设计架构

5.1.2　精细化数值预报系统研发

5.1.2.1　海面风场模式的建立

1）气象模式简介

海表风场和海气通量等数据以目前国内海洋预报系统业务化运行的天气预报模式（WRF）为基础，针对本项目的特点，采用嵌套技术在苏北浅滩海域加密计算，水平分辨率为5 km。在物理过程方面，改进优化海陆风现象的刻画。WRF模式在2011年4月基本研发和调试完成，并进行业务化试运行。

WRF是正在开发的新一代中尺度非静力模式和资料同化系统，具有研究和气象模拟功能广泛的应用范围。WRF模式由美国国家大气研究中心（NCAR）、国家大气海洋局（NOAA）的预报系统实验室（FSL）、国家大气环境研究中心（NCEP）和俄克拉荷马大学的风暴研究预报中心（CAPS）、联邦航空局（FAA）等多家单位联合开发，是新一代非静力平衡、高分辨率的中尺度模拟和资料同化模式。该模式具有广泛的应用前景，能进行分辨率从几米到几千千米的模拟，适用于教学研究，业务预报、资料同化和物理过程参数化研究以及气象再分析产品制作等。

WRF模式程序具有操作的可移植性、可维护性、扩展性、易读性、运行结构性和互用性等特点，并且可在带边界条件和嵌套的有限区域模式中重复使用。这种模块化的、结构化的程序设计思想允许多个动力框架、物理过程同时并存。在程序结构设计上，WRF模式采用三重结构，包括驱动层（Driver level）、中介层（Mediation level）和模式层（Model level）。调用结构的最高层是驱动层（Driver level），最低层为模式层，中介层位于驱动层和模式层之间。最高层驱动层负责控制初始化、时间步长、输入输出（I/O）、模拟区域、程序安装管理和并行等等；模式层主要是数值模拟方程、物理过程等源代码部分，该部分允许用户修改和添加自己的程序而不影响整体功能；中介层主要负责将驱动层和模式层连接起来，该层里包括了驱动层和模式层的连接信息。其程序结构设计见图5-2。

WRF模式应用了继承式软件设计、多级并行分解算法、选择式软件管理

图5-2　WRF 模式的结构流程

结构，并有先进的数值计算和资料同化技术、多重移动套网格性能以及更为完善的物理过程（尤其是对流和中尺度降水过程）。因此，WRF 模式将有广泛的应用前景，包括在天气系统模拟、大气化学、区域气候、纯粹的模拟研究等方面的应用。

WRF模式系统包括前处理模块，处理常规和非常规观测资料的资料同化，模式计算模块以及模式产品后处理模块（见图5-3）。其中标准初始化模块包括对标准格点资料的预处理和地形资料的处理；观测资料同化模块包括对各种常规和非常规资料的预处理及三维（四维）变分同化；模式对积分区域内的大气过程进行积分运算；后处理部分对模式积分结果进行分析，将各种物理量转化到等压面和等高面上，并转化成各种绘图软件所需要的格式。

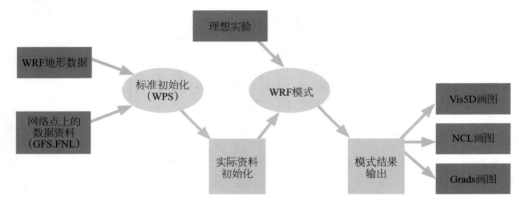

图5-3　WRF 模式主要模块及其相互关系图

2）资料数据同化

作为海面系统主要驱动的海面风场模拟是再分析产品制作的重要组成部分，其精度在极大程度上影响风海流、海浪等模拟结果。如何提高模拟结果质量，成为本项目中的重要问题之一。中尺度气象模式（ARPS）经过长期的发展，其计算框架和物理过程已较难有很大的改进，而同化则成为本项目模拟结果优化的有效途径。

现行的同化方法通常采用简单的Nudging同化方法，将模式起报时刻初始场通过人为给定影响半径的方法放入整个模式系统中，通过改善模式初始场质量来改进模式结果的精度，此方法以其方法简单、消耗计算机资源少等优点著称，但是这种同化方法也存在一定的缺陷：① 如果观测存在缺陷，这种低质量的观测数据仍将取代"较好"的模式背景场。② 权重系数函数、影响半径等重要参数主要是通过经验确定，存在较大的主观性。③ 背景场中的各个变量存在满足其物理规律，使用该方法有可能发生少量的观测值修正的背景场出现物理上不连续的情况。

因此，本项目有必要采用更加合理，并且计算效率较高的同化方法来提高风场等气象参数的模拟精度。

　　3）气象模式设置及预报系统运行

　　本课题所需的海表风场和海气通量等数据以北海预报中心已经业务化运行的WRF模式为基础，针对本项目的特点，采用嵌套技术在苏北浅滩海域加密计算，水平分辨率为5 km。在物理过程方面，改进优化海陆风现象的刻画。

　　采用的初始场和边界条件采用美国国家环境预报中心（NCEP）提供的全球再分析资料，时间间隔为6 h。数值模式使用WRF的V3.1非静力模式，本次模拟中使用的是欧拉质量坐标、兰勃托投影方式和3阶Runge-Kutta时间积分方案，垂直方向为不等距的31个σ层，分别为0.995，0.980，0.966，0.950，0.933，0.913，0.892，0.869，0.844，0.816，0.786，0.753，0.718，0.680，0.639，0.596，0.550，0.501，0.451，0.398，0.345，0.290，0.236，0.188，0.145，0.108，0.075，0.046，0.021，0.000，模式顶气压为50 hPa。模式结果每小时输出一次。

　　大区模式积分有效数据范围为10°—50°N，105°—140°E，覆盖整个中国海区。小区模式范围为28°—45°N，115°—130°E。为更好地模拟海面的状况，模式设置最低σ设置为0.995（见图5-4）。

　　气象系统已实现业务化式运行，每天进行5天的气象预报。

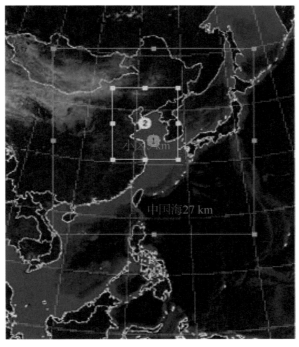

图5-4　气象模式设计的计算范围

中国海风场计算结果见图5-5和图5-6。

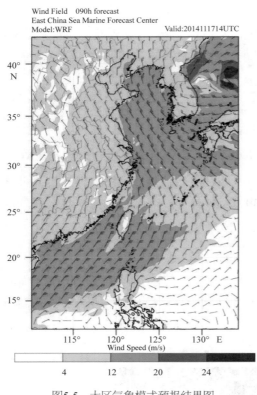

图5-5 大区气象模式预报结果图

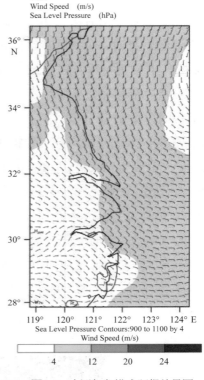

图5-6 小区气象模式预报结果图

5.1.2.2 海流模式的建立

1）海流模式简介

苏北浅滩周边海域海岸线弯曲复杂，沙槽沙脊错落分布，存在大面积滩涂，结构网格难以做到任意区域的网格加密，选用无结构网格海洋模式FVCOM（An Unstructured Grid，Finite-Volume Coastal Ocean Model）模式进行潮汐和环流的计算。模式开边界同时输入8个主要天文潮和环流通量，其中环流通量由北海预报中心业务化中国海环流模式提供，采用干湿网格判断技术实现漫滩模拟，在实测地形数据满足要求的前提下，网格水平最高分辨率达到100 m。

FVCOM模式是由美国麻省大学海洋科学和技术学院海洋生态模型实验室和美国伍兹霍尔海洋研究所，于2000年成功建立的具有领先水平的非结构网格海洋环流与生态模型（Chen，2003a；Chen，2004a）。2006年由UMASS-D/WHOI模式开发团队进一步完善（Chen，2006a；Chen，2006c）。此模型综合了现有海洋有限差分和有限元模型的优点，解决了数值计算中浅海复杂岸界拟合、质量守恒以及计算有效性的难题。和其他的自由表面海洋模式一样，FVCOM模式采用修正的Mellor-Yamada 2.5 阶和Smagorinsky湍流闭合方案分别计算垂向和水平混合（Mellor，1982；Galperin，1988）。与目前流行的有结构网格模式［如Princeton Ocean Model（POM）和 RegionalOcean Model system（ROMs）］相同，FVCOM也采用时间分裂算法，外模式为二维，采用垂向积分方程；内模式为三维，采用垂直结构方程。根据CFL条件，内外模式可分别采用不同的时间步长。

此类模型为国际先进模型，被广泛地应用于海岸、河口、湖泊等的水动力、温盐、生态等模拟。该模型具有以下几个突出特点。

① 水平方向采用无结构化非重叠的三角形网格，可以方便地拟合复杂的边界与进行局部加密，这个优点使其在研究岛屿众多、近岸岸线复杂的问题时表现尤为突出；

② 三维全动力原始方程，包含全部对流项、扩散项、正压项、斜压项和地转项；

③ 采用湍流二阶闭合子模式提供垂直混合系数；

④ 垂直方向采用σ坐标；

⑤ 包含内外两个模态，外模态为垂直平均的二维子模式，提高了计算时效和数值方法的稳定性；

⑥ 自由表面，方便表面起伏特征模拟。

2）海流模式设置及预报系统运行

海流模式的海表强迫场由气象模式提供，计算的水位和海流作为海浪模式的背景场。模式计算网格见图5-7，潮沙预报结果见图5-8。

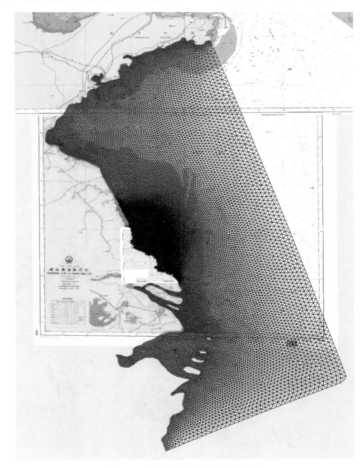

图5-7 小区海流模式网格设置

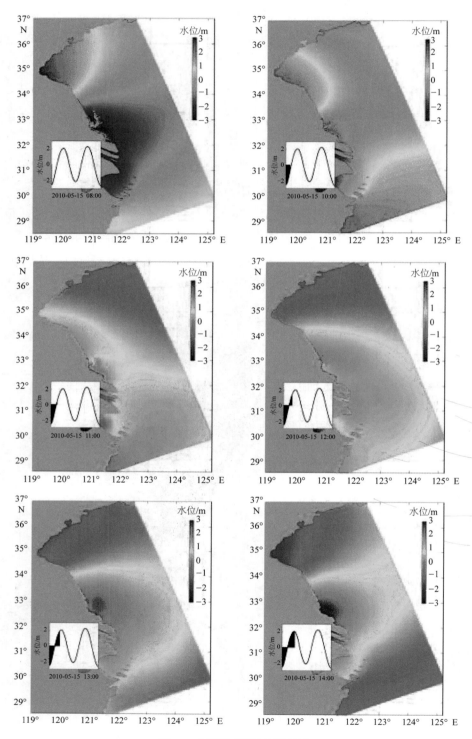

图5-8　小区模式潮汐预报结果

5.1.2.3 海浪模式的建立

波浪模式采用SWAN海浪模式研发。水平方向采用无结构化的三角形网格方式，考虑浅水过程中底摩擦引起的破碎和三波相互作用等。同时，与海流模式实现耦合，在计算波浪要素时，将海流模式预报的水位和表层流作为输入场，提高波浪模式的预报精度。模式开边界条件由大区域WaveWatch Ⅲ业务化海浪预报模式提供，输入参数为波浪方向谱。大区WaveWatch Ⅲ模式的计算范围为15°—45°N，106°—140°E，水平分别率为1/6。海浪预报系统大区WaveWatch Ⅲ波浪要素预报结果见图5-9。

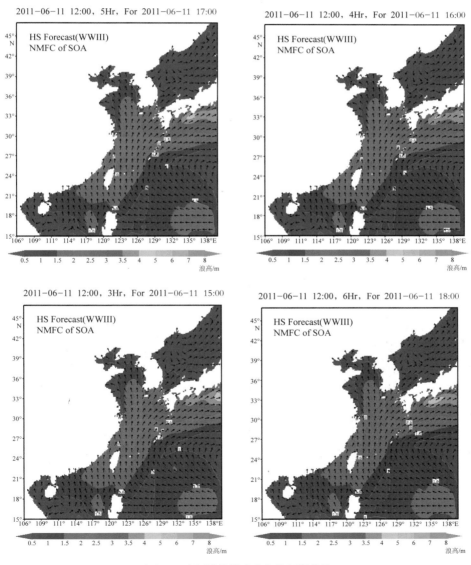

图5-9 大区波浪模式业务化预报结果

模型主要解决了如下问题：

基于SWAN波浪模式（波浪模式包括了折射、绕射和波浪破碎等物理过程），针对苏北浅滩，采用有限元网格建立了高精度的波浪预报模式；利用MPI并行方法，在高性能计算机上实现业务化运行。

波浪模式成功地和FVCOM模式的输出结果进行了耦合，并实现了无缝对接，即FVCOM输出的计算结果（水位和流速），无需修改，直接可以输入到SWAN波浪模式当中（见图5-10至图5-12）。

波浪模式实现了与WRF模式的衔接，WRF模式输出的NETCDF格式风场可以直接为波浪模式所用。

由于SWAN波浪模式本身不支持NETCDF数据格式的输入和输出，基于SWAN波浪模式，本项目研究开发了NETCDF数据格式的输入和输出支持；并且在Windows和Linux计算平台，进行了调试安装并成功运行，大大方便了数据的输入和输出。

由于SWAN波浪模式采用无结构网格时，需要根据数值模拟所采用的计算核心个数，对无结构化网格进行拆分，并需要对每个拆分的网格块，进行独立的SWAN波浪参数设置，本研究利用NETCDF格式输入文件，大大简化了输入过程。

原有SWAN波浪模式输出时，把波浪要素输出到每个被拆分的三角形网格块上，不便于读取和查看，因此，利用NETCDF格式把零散的输入进行了整合，使波浪模式的输出结果简单明了、通俗易懂，使模拟结果的分析和再利用变得便捷和简单。

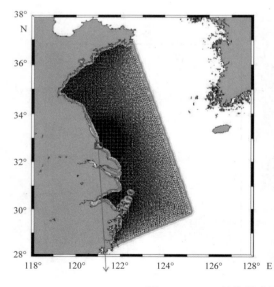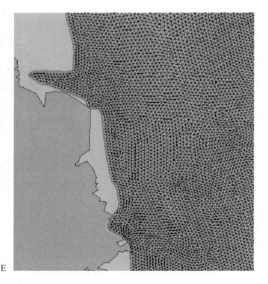

图5-10　SWAN波浪模式的计算区域和计算网格

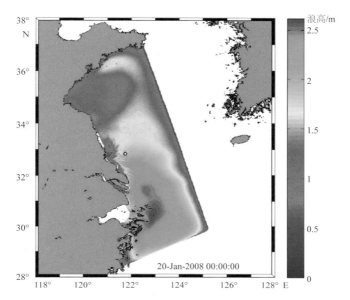

图5-11　SWAN波浪模式模拟的有效波高场（没有考虑FVCOM的水位和流场的影响）

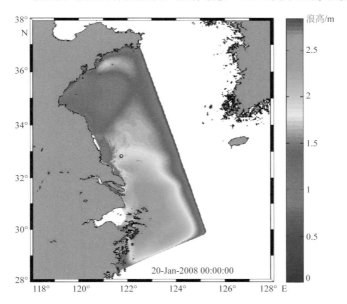

图5-12　SWAN波浪模式模拟的有效波高场（考虑FVCOM的水位和流场的影响）

5.1.2.4　数值模式结果比对检验

　　本项目利用海洋站、浮标的观测数据对数值模式进行了验证和模式优化。并采用最终优化后的数值模式从2011年8月开始进行试预报运行，对模拟精度进行统计分析。除采用北海、东海和南海区的浮标观测资料进行预报结果的比对外，在苏北浅滩预报区域，还利用历史及本项目新建观测点数据资料进行比对，其中苏北海域观测站见图5-13。

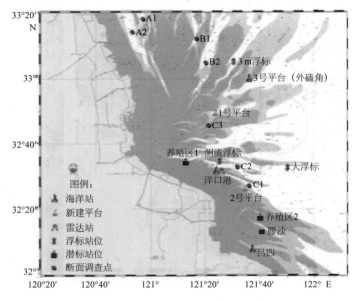

图5-13　苏北海域用于比较的观测站位图

1）海面风结果比对

（1）东海区浮标资料比对。东海区浮标观测时间为2009年7—12月，其中海面风数据有效天数约为150天，有效数据约为3 500组。图5-14至图5-16为全部有效数据的海面风速比较图。从图中可以看出模拟的海面风速和实际观测的数据基本符合。风速平均误差为15.8%，相关系数为0.88。

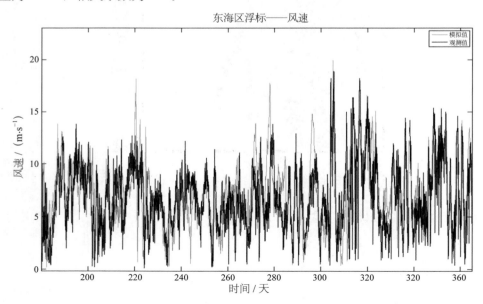

图5-14　东海区浮标海面风速数据与模式结果比较图（时间：2009年第190～365天）

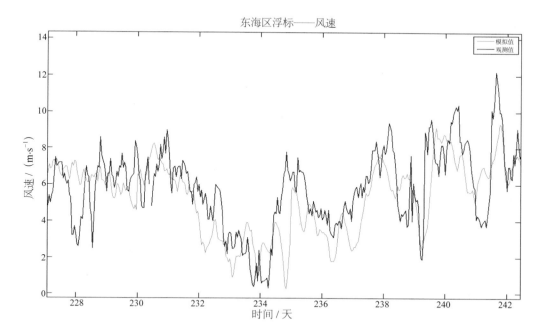

图5-15　东海区浮标海面风速数据与模式结果比较图（时间：2009年第228~242天）

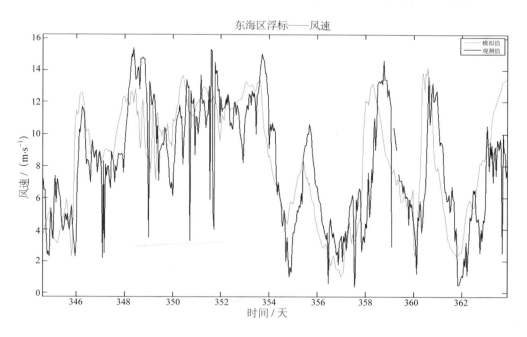

图5-16　东海区浮标海面风速数据与模式结果比较图（时间：2009年第346~363天）

　　（2）苏北浅滩区域观测资料比较。东海区LSI站观测风场数据的观测时间是2010年12月31日21时至2011年6月30日。我们任取其中一个月的时间段的观测数据同气象模式模拟结果进行比对。图5-17和图5-18为风速的比较图和散点图。通过计算发现，该站风速的平均误差为12.5%，相关系数达到0.86；风向的平均误差25°，相关系数达到0.95（见图5-19）。

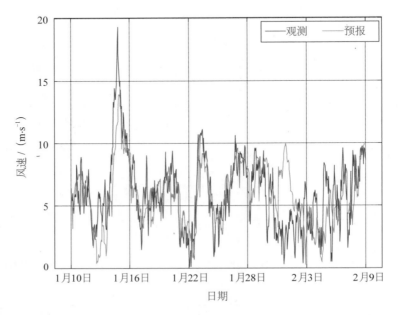

图5-17　LSI站风速观测数据与模式结果比较图（时间：2011年1月10日至2月9日）

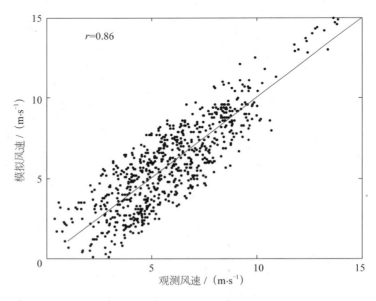

图5-18　LSI站风速观测数据与模式结果散点图（时间：2011年1月10日至2月9日）

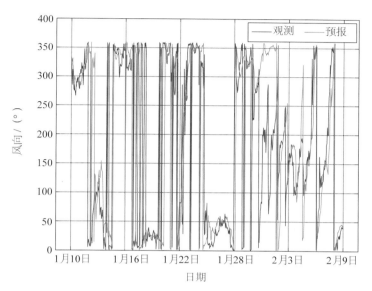

图5-19 LSI站风向观测数据与模式结果比较图（时间：2011年1月10日至2月9日）

　　苏北海域YKG站风场数据的观测时间是2010年12月31日21时至2011年6月3日。我们任取其中一个月的时间段的观测数据同气象模式的模拟结果进行比对。图5-20和图5-21为风速过程曲线的比较图和散点图。通过计算发现，该站模拟风速的平均误差为12.8%，相关系数达到0.85；风向的平均误差24°，相关系数达到0.95（见图5-22）。

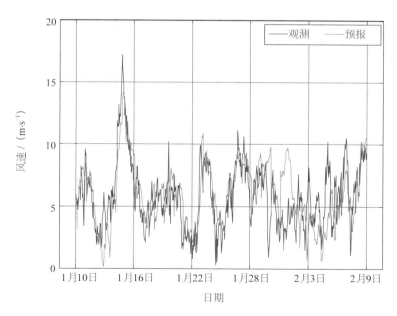

图5-20 YKG站风速观测数据与模式结果比较图（时间：2011年1月10日至2月9日）

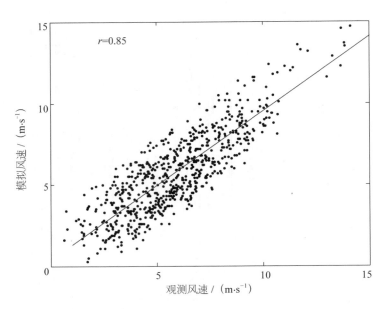

图5-21 YKG站风速观测数据与模式结果散点图（时间：2011年1月10日至2月9日）

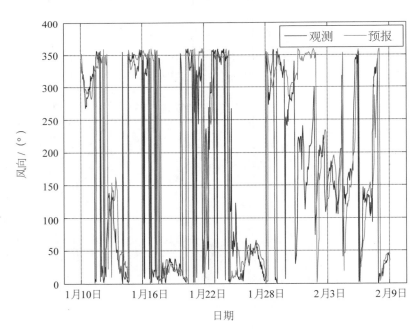

图5-22 YKG站风向观测数据与模式结果比较图（时间：2011年1月10日至2月9日）

苏北海域WKJ站风场数据的观测时间是2011年1月1日零时至2011年6月30日23时。我们任取其中一个月的时间段的观测数据同气象模式模拟结果进行比对。图5-23和

图5-24为风速的比较图和散点图。通过计算发现，该站模拟风速的平均误差为11.8%，相关系数达到0.89；风向的平均误差28°，相关系数达到0.94（见图5-25）。

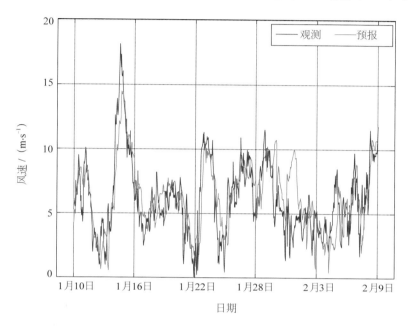

图5-23　WKJ站风速观测数据与模式结果比较图（时间：2011年1月10日至2月9日）

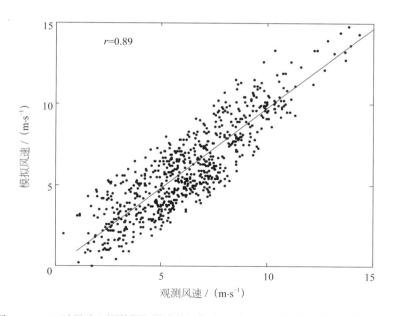

图5-24　WKJ站风速观测数据与模式结果散点图（时间：2011年1月10日至2月9日）

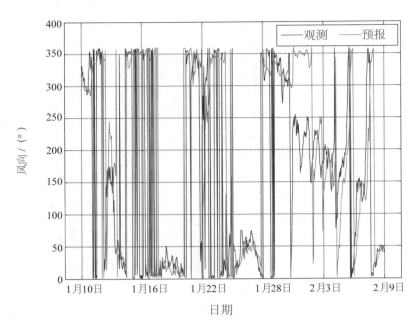

图5-25　WKJ站风向观测数据与模式结果比较图（时间：2011年1月10日至2月9日）

2）海流水位结果比对

潮位数据比较，从模拟结果与实测结果的比较图（见图5-26和图5-27）可以看出，海流模式能够很好地模拟该区域的海流特征和规律。

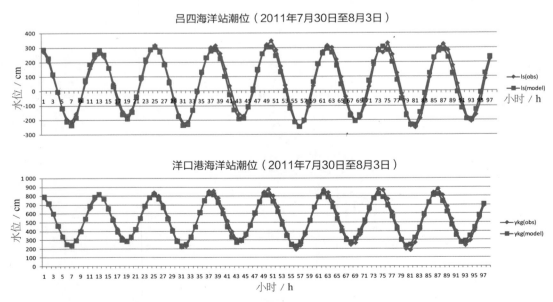

图5-26　吕四海洋站和洋口海洋站潮位模拟值与观测值比较图

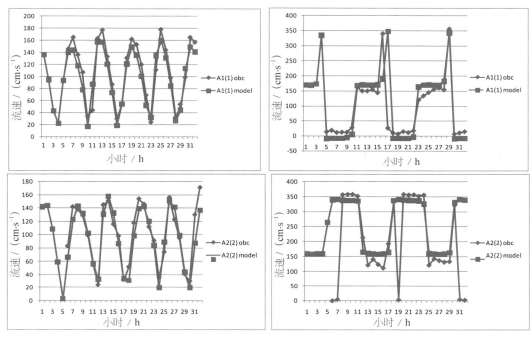

图5-27 秋季航次大潮期（2010年11月5—6日）A1和A2站潮流模拟值与观测值比较图

3）海浪结果比对

东海区波浪数据有效天数约为150天，有效数据约为3 500组。图5-28和图5-29为全部有效数据的有效波高和有效周期的比较图，从图中可以看出模拟的有效波高和有效周期与实际观测值基本一致。有效波高平均误差为17.8%，相关系数为0.85；有效周期平均误差为19.6%，相关系数为0.82。

东海区浮标——有效波高

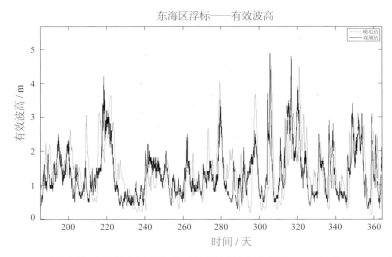

图5-28 东海区浮标有效波高数据与模式结果比较图（时间：2009年第180～365天）

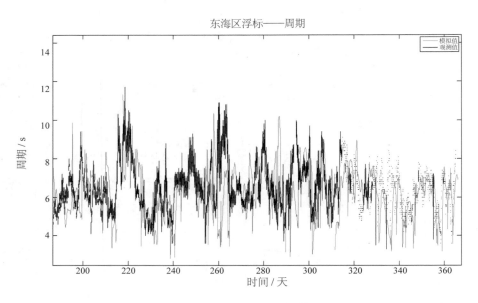

图5-29　东海区浮标有效周期数据与模式结果比较图（时间：2009年第180～365天）

5.1.3　统计预报系统研发

利用中心现有吕四、洋口港潮位站以及新建观测站点Z1与Z2平台潮位观测资料，进行无观测资料的养殖区预报点潮位预报。目前预报点主要为4个，分别为养殖区1（YZQ1）、养殖区2（YZQ2）、洋口港（YKGI）和腰沙（YAOS）（见图5-30）。

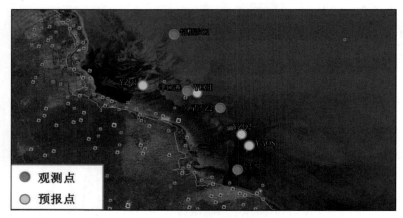

图5-30　观测点和预报点位置示意

根据各预报点与邻近两个观测点潮位相关性分析结果，挑选出了与各预报点相关性最好的观测点，并给出了两点之间的关系，建立了统计预报方程。

5.1.3.1 养殖区1（YZQ1）与洋口港潮位站的相关性分析

由图5-31可知，养殖区1和洋口港的潮位相关系数（R^2）在0.998之上，相关性高。其中，秋季和冬季的相关性略高于春季和夏季。

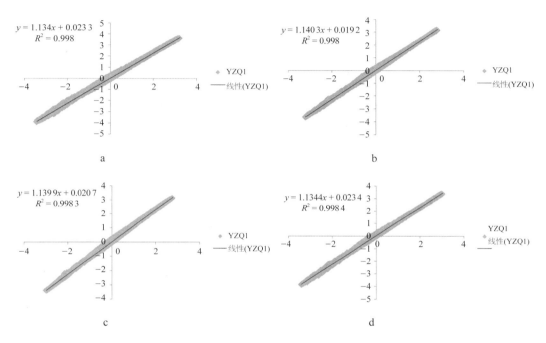

图5-31 养殖区1（预报点）与洋口港（实测点）的潮位相关性

a. 春季；b. 夏季；c. 秋季；d. 冬季

分析结果显示，从相位上看，养殖区1比洋口港晚10 min；从潮位看，养殖区1和洋口港各季节的潮位关系如下：

春季：$y = 1.134x + 0.0233$

夏季：$y = 1.1403x + 0.0192$

秋季：$y = 1.1399x + 0.0207$

冬季：$y = 1.1344x + 0.0234$

全年平均：$y = 1.1372x + 0.0217$

其中，x为实测点洋口港的潮位；y为预报点养殖区1的潮位。

5.1.3.2 养殖区2（YZQ2）与火星沙Z2平台的相关性分析

由图5-32可知，养殖区2和火星沙Z2的潮位相关系数（R^2）在0.9988之上，相关性高。其中，秋季相关性略高于其他季节，相关性达到0.9991。

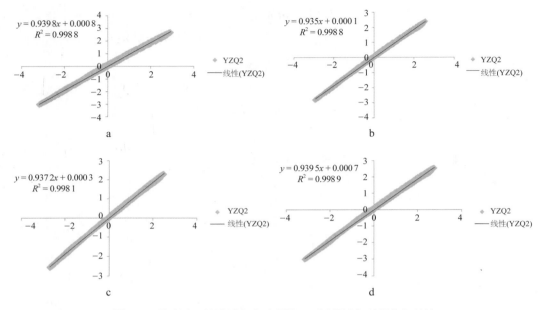

图5-32　养殖区2（预报点）与火星沙Z2（实测点）的潮位相关性
a. 春季；b. 夏季；c. 秋季；d. 冬季

分析结果显示，两站点相位一致，养殖区2和火星沙Z2各季节的潮位关系如下：

春季：$y = 0.939\,8x + 0.000\,8$

夏季：$y = 0.935x + 0.000\,1$

秋季：$y = 0.937\,2x - 0.000\,3$

冬季：$y = 0.939\,5x + 0.000\,7$

全年平均：$y = 0.937\,9x + 0.000\,3$

其中，x为实测点火星沙Z2的潮位；y为预报点养殖区2的潮位。

5.1.3.3　洋口港预报点（YKGI）与洋口港潮位站的相关性分析

由图5-33可知，YKGI和洋口港的潮位相关系数（R^2）达到了0.999\,9，相关性极好，主要是由于两点的位置十分接近，潮位几乎一致。

分析结果显示，两站点相位一致，YKGI和洋口港各季节的潮位关系如下：

春季：$y = 0.999\,7x + 0.001\,1$

夏季：$y = 0.999\,1x + 0.000\,9$

秋季：$y = 0.999x + 0.001\,2$

冬季：$y = 0.999\,4x + 0.001\,2$

全年平均：$y = 0.999\,3x + 0.001\,1$

其中，x为实测点洋口港的潮位；y为预报点洋口港的潮位。

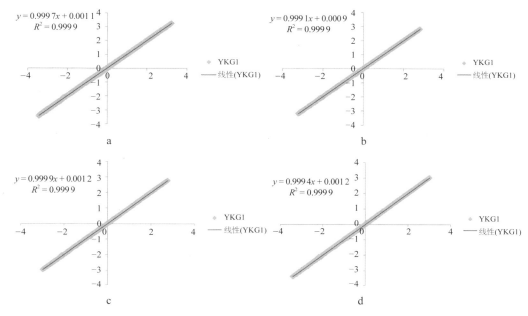

图5-33　YKGI（预报点）与洋口港（实测点）的潮位相关性
a. 春季；b. 夏季；c. 秋季；d. 冬季

5.1.3.4　腰沙（YAOS）与吕四潮位站的相关性分析

由图5-34可知，腰沙和吕四的潮位相关系数（R^2）为0.998左右，相关性很好。其中，夏季相关性最好，春季的相关性在四季中最低，但差别甚微。

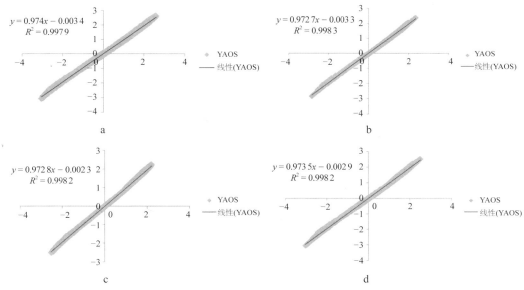

图5-34　腰沙与吕四的潮位相关性
a. 春季；b. 夏季；c. 秋季；d. 冬季

分析结果显示，两站点相位一致，腰沙和吕四各季节的潮位关系如下：

春季：$y = 0.974x - 0.0034$

夏季：$y = 0.9727x - 0.0033$

秋季：$y = 0.9728x - 0.0023$

冬季：$y = 0.9735x - 0.0029$

全年平均：$y = 0.9733x - 0.0030$

其中，x为实测点吕四的潮位；y为预报点腰沙的潮位。

5.2 系统业务化试运行

基于苏北海域风、浪、流数值预报模型及统计预报模型，从2011年7月1日，结合模型结果和人工经验判断，开始每天一次向南通市海洋与渔业局和南通中心站试发布苏北浅滩区域4个点的风、浪、水位和海流预报日常预报。

从2012年3月开始，每日试发布养殖警示信息。

在2012年影响江苏的台风期间，利用项目建设的观测预警系统，制作了台风期间观测预警信息通报，提供给南通市海洋与渔业局和南通中心站。

5.2.1 日常预报要素和产品设计

以项目研究成果为基础，从2011年6月30日开始，对确定的4个预报位置：养殖密集区1（西太阳沙养殖区）、洋口港、养殖密集区2（冷家沙养殖区）、腰沙（见图5-35，表5-1）进行了业务化试预报工作，制定了流程化的预报业务工作程序。

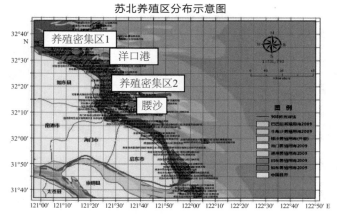

图5-35 预报站点（区域）分布

表5-1 预报站位位置

站位	纬度（N）	经度（E）
西太阳沙养殖区	32°586′	121°196′
冷家沙养殖区	32°292′	121°669′
腰沙	32°233′	121°690′
洋口港	32°532′	121°423′

　　预报以数值预报模型系统和人工经验判断相结合的方法，每日从业务化运行的数值模式预报结果中提取预报站（区域）的环境预报数据，经人工判断和可视化、数据处理后形成预报产品，业务化试预报流程见图5-39。

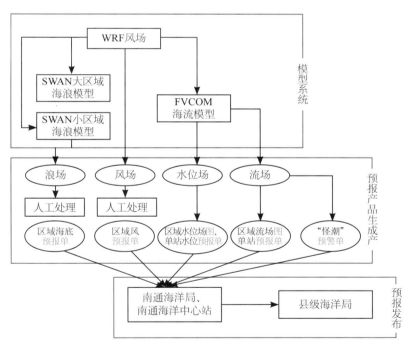

图5-36　预报流程图

　　预警报产品分为常规风、浪、水位、海流预报及急流、潮位激增、滩面过水时刻警示信息两大类。

5.2.1.1　单站风、浪预报

　　数值预报提供滩涂区域未来72 h的风速、风向，浪高、浪向预报，可视化单站预报结果见图5-37和图5-38。

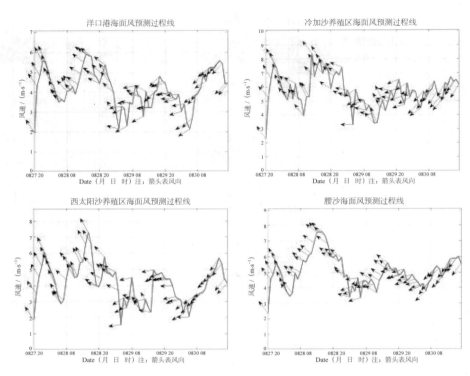

图5-37　风数值预报产品图

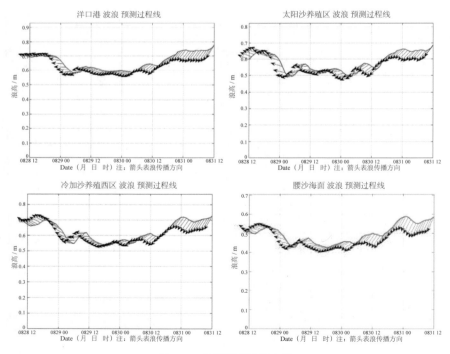

图5-38　波浪预报数模产品

经人工判断修正后，以Word文档形式形成风、浪预报产品，形式见图5-39。

苏北浅滩怪潮海洋环境预报

有效时间：2011 年 7 月 25 日 18 时—7 月 28 日 18 时　　　　发布时间：2011 年 7 月 25 日 17 时

预报时效 / 预报区域	25 日 18 时—26 日 18 时		26 日 18 时—27 日 18 时		27 日 18 时—28 日 18 时	
	风向风速	波向波高	风向风速	波向波高	风向风速	波向波高
苏北浅滩辐射沙脊海域	S' 5-6▽7	S' 1.0-1.8	S'→SW 5-6▽7	S'→SW 1.0-1.8	SW 5-6▽7↓5-6	SW 1.0-1.8 ↓0.8-1.5
养殖 1 区	S' 5-6	S' 0.5-1.1	S'→SW 5-6	S'→SW 0.5-1.1	SW 5-6 ↓4-5▽6	SW 0.5-1.1↓ 0.4-0.8
洋口人工岛		S' 0.7-1.3		S'→SW 0.7-1.3		SW0.7-1.3 ↓ 0.5-1.0
养殖 2 区		S' 0.6-1.2		S'→SW 0.6-1.2		SW 0.6-1.2↓ 0.5-0.9
腰沙		S' 0.5-1.1		S'→SW 0.5-1.1		SW 0.5-1.1↓ 0.4-0.8
强风预警报信息						

图5-39　风、浪综合预报结果示意图

5.2.1.2　水位、海流预报

1）日常预报

根据每日业务化运行的数值预报模型结果，提取4个预报点水位数据，形成包含整点逐时、高低潮时及高低潮高的水位预报结果，最终表现形式为Excel表格，见图5-40。

	日期	时间																								第Ⅰ高潮		第Ⅰ低潮		第Ⅱ高潮		第Ⅱ低潮	
		0	1	2	3	4	5	6	7	8	9	10	11	12	13	14	15	16	17	18	19	20	21	22	23	潮位	时刻	潮位	时刻	潮位	时刻	潮位	时刻
洋口港	2012/3/14	/	/	/	/	/	/	/	/	/	/	/	/	-195	-87	27	129	191	2221	187	98	-18	-135	-211	-224	/	/	/	/	221	17:10	-227	20:40
	2012/3/15	-177	-89	12	113	185	223	209	142	42	-75	-171	-225	-223	-157	-65	31	116	170	195	165	90	-11	-111	-174	224	5:20	-231	11:30	195	18:00	-190	23:40
	2012/3/16	-186	-146	-74	7	81	140	171	166	120	43	-54	-144	-205	-218	-179	-106	-21	67	139	180	174	122	39	-53	175	6:30	/	/	185	19:20	-220	12:40
养殖区1	2012/3/14	/	/	/	/	/	/	/	/	/	/	/	/	-259	-114	31	140	218	267	232	129	-5	-132	-238	-269	/	/	/	/	267	17:00	-271	22:50
	2012/3/15	-220	-108	11	110	197	259	250	172	57	-67	-177	-246	-260	-200	-80	38	127	198	235	206	118	1	-107	-199	264	5:20	-266	11:40	235	18:00	-224	23:50
	2012/3/16	-223	-176	-86	8	84	147	197	194	142	54	-50	-152	-228	-253	-216	-124	-18	73	155	213	209	147	52	-51	202	6:30	/	/	218	19:30	-253	13:00
养殖区2	2012/3/14	/	/	/	/	/	/	/	/	/	/	/	/	-167	-60	38	105	141	157	141	82	-12	-108	-180	-193	/	/	/	/	157	17:10	-195	22.50
	2012/3/15	-149	-60	29	110	161	101	170	124	42	-55	-142	-195	-190	-134	-51	32	89	125	140	128	76	-5	-88	-149	181	5:09	-202	11:30	140	18:20	-163	23:40
	2012/3/16	-160	-122	-58	13	79	121	143	138	104	38	-46	-125	-181	-190	-154	-91	-19	41	90	134	142	107	41	-32	143	6:20	/	/	143	19:50	-192	12:50
腰沙	2012/3/14	/	/	/	/	/	/	/	/	/	/	/	/	-164	-54	41	108	136	146	132	77	-11	-105	-183	-196	/	/	/	/	146	17:00	-199	22:40
	2012/3/15	-146	-63	34	112	161	178	167	124	44	-50	-134	-191	-188	-131	-50	34	88	117	130	122	74	-3	-84	-145	178	5:09	-197	11:20	130	18:20	-162	23:40
	2012/3/16	-159	-121	-56	18	81	121	140	135	104	40	-43	-121	-179	-188	-151	-88	-19	38	88	124	135	104	40	-32	141	6:20	/	/	136	19:50	-190	12:50
注：单位（cm）；水位基准面为平均海平面																																	

图5-40　水位预报示意图

海流预报提取数值预报结果4个预报点流速、流向，形成可视化的海流预报图件。见图5-41。

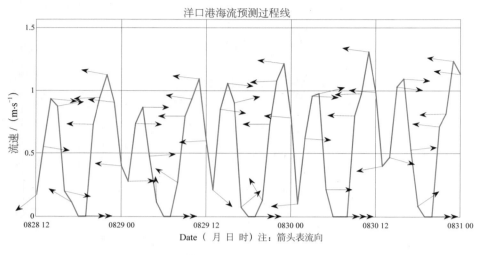

洋口港海流预测过程线

Date（月日时）注：箭头表流向

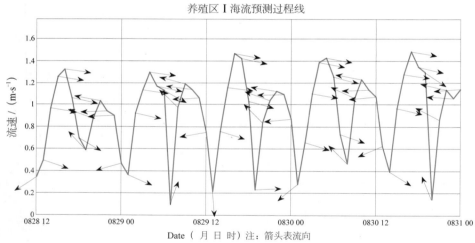

养殖区Ⅰ海流预测过程线

Date（月日时）注：箭头表流向

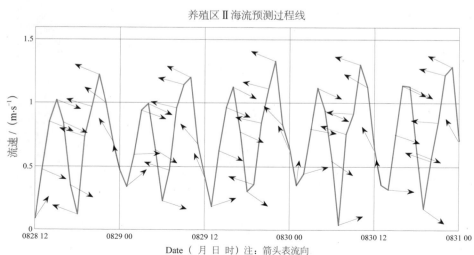

养殖区Ⅱ海流预测过程线

Date（月日时）注：箭头表流向

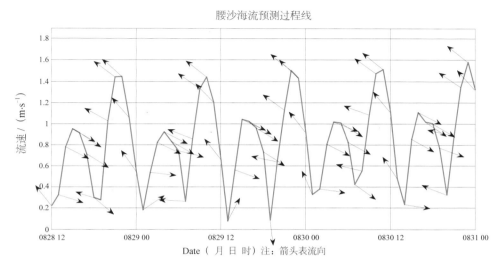

图5-41 海流预报示意图

2）月天文潮预报

利用竹根沙（Z1）平台和火星沙（Z2）平台连续1年的实测潮位资料，分别进行调和分析，然后基于两个平台各分潮的调和常数进行天文潮预报。

每月月底提供下个月竹根沙平台和火星沙平台的天文潮预测产品，预报时效为一个月，预报内容包括预报月份逐时天文潮潮位以及每日高低潮及出现时刻。最终产品格式为Excel表格，产品见图5-42和图5-43。

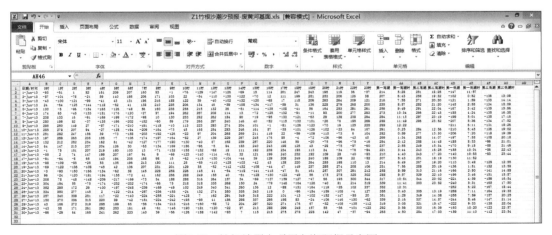

图5-42 竹根沙平台月天文潮预报示意图

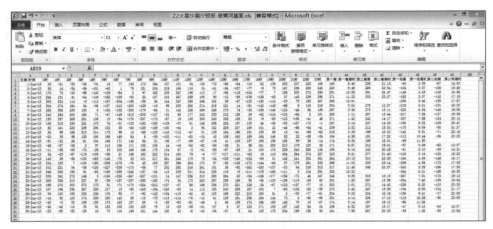

图5-43 火星沙平台月天文潮预报示意图

5.2.2 "怪潮"风险预警提示信息

5.2.2.1 日常预警

"怪潮"灾害预警提示选取2个养殖区（2012年10月后增加为3个养殖区）。每日基于数值预报结果，针对预警报点进行激流、潮位激增信息的预报，若有出现则显示出现的时间段，若预报时效内无预警信息则写"无"；滩面涨潮时为每日预报点涨潮的时刻。

设计预警提示信息包括：

① 激流预警：预报点附近3 km区域流速大于1.8 m/s的时段。

② 滩面涨潮时：潮水涨到预报点附近3 km区域的时刻。

③ 潮位激增：预报点附近3 km区域涨潮速度超过80 cm/0.5 h的时段。

根据数值预报模型结果，形成预警提示信息以EXCEL格式显示，产品见图5-44。

图5-44 预警提示信息示意图

2013年6月，经需求调研，将滩面涨潮时的内容修改为滩面过水时刻的预报。

5.2.2.2 月风险预警

1）大面预警

利用数值模型于每月月底进行下个月的天文潮计算，并统计出预报月份每个计算格点出现四级潮位激涨（半小时潮位激增90 cm、100 cm、110 cm和120 cm，分别对应潮位激涨应急预警Ⅳ级、Ⅲ级、Ⅱ级和Ⅰ级）情况的次数。统计结果以dat文档保存，数据包括格点经纬度以及出现四级潮位激涨的次数。结果见图5-45和图5-46。

	risk_static_month7.dat					
1	1.2201500e+002	2.9200001e+001	0.0000000e+000	0.0000000e+000	0.0000000e+000	0.0000000e+000
2	1.2209650e+002	2.9236271e+001	0.0000000e+000	0.0000000e+000	0.0000000e+000	0.0000000e+000
3	1.2218930e+002	2.9277510e+001	0.0000000e+000	0.0000000e+000	0.0000000e+000	0.0000000e+000
4	1.2229470e+002	2.9324421e+001	0.0000000e+000	0.0000000e+000	0.0000000e+000	0.0000000e+000
5	1.2241470e+002	2.9377769e+001	0.0000000e+000	0.0000000e+000	0.0000000e+000	0.0000000e+000
6	1.2255110e+002	2.9438459e+001	0.0000000e+000	0.0000000e+000	0.0000000e+000	0.0000000e+000
7	1.2270630e+002	2.9507469e+001	0.0000000e+000	0.0000000e+000	0.0000000e+000	0.0000000e+000
8	1.2288280e+002	2.9585970e+001	0.0000000e+000	0.0000000e+000	0.0000000e+000	0.0000000e+000
9	1.2308350e+002	2.9675249e+001	0.0000000e+000	0.0000000e+000	0.0000000e+000	0.0000000e+000
10	1.2331300e+002	2.9774000e+001	0.0000000e+000	0.0000000e+000	0.0000000e+000	0.0000000e+000
11	1.2363240e+002	2.9919390e+001	0.0000000e+000	0.0000000e+000	0.0000000e+000	0.0000000e+000
12	1.2395310e+002	3.0062010e+001	0.0000000e+000	0.0000000e+000	0.0000000e+000	0.0000000e+000
13	1.2427380e+002	3.0204639e+001	0.0000000e+000	0.0000000e+000	0.0000000e+000	0.0000000e+000
14	1.2459440e+002	3.0347269e+001	0.0000000e+000	0.0000000e+000	0.0000000e+000	0.0000000e+000
15	1.2491510e+002	3.0489889e+001	0.0000000e+000	0.0000000e+000	0.0000000e+000	0.0000000e+000
16	1.2521750e+002	3.0666731e+001	0.0000000e+000	0.0000000e+000	0.0000000e+000	0.0000000e+000
17	1.2543170e+002	3.0939390e+001	0.0000000e+000	0.0000000e+000	0.0000000e+000	0.0000000e+000
18	1.2549740e+002	3.1278509e+001	0.0000000e+000	0.0000000e+000	0.0000000e+000	0.0000000e+000
19	1.2548510e+002	3.1628660e+001	0.0000000e+000	0.0000000e+000	0.0000000e+000	0.0000000e+000
20	1.2542050e+002	3.1973631e+001	0.0000000e+000	0.0000000e+000	0.0000000e+000	0.0000000e+000
21	1.2535600e+002	3.2318611e+001	0.0000000e+000	0.0000000e+000	0.0000000e+000	0.0000000e+000
22	1.2528800e+002	3.2662849e+001	0.0000000e+000	0.0000000e+000	0.0000000e+000	0.0000000e+000
23	1.2518450e+002	3.2997749e+001	0.0000000e+000	0.0000000e+000	0.0000000e+000	0.0000000e+000
24	1.2506850e+002	3.3328979e+001	0.0000000e+000	0.0000000e+000	0.0000000e+000	0.0000000e+000
25	1.2495240e+002	3.3660210e+001	0.0000000e+000	0.0000000e+000	0.0000000e+000	0.0000000e+000
26	1.2482930e+002	3.3988682e+001	0.0000000e+000	0.0000000e+000	0.0000000e+000	0.0000000e+000
27	1.2468620e+002	3.4309158e+001	0.0000000e+000	0.0000000e+000	0.0000000e+000	0.0000000e+000
28	1.2454160e+002	3.4628960e+001	0.0000000e+000	0.0000000e+000	0.0000000e+000	0.0000000e+000
29	1.2439710e+002	3.4948750e+001	0.0000000e+000	0.0000000e+000	0.0000000e+000	0.0000000e+000
30	1.2424770e+002	3.5266239e+001	0.0000000e+000	0.0000000e+000	0.0000000e+000	0.0000000e+000
31	1.2408680e+002	3.5578159e+001	0.0000000e+000	0.0000000e+000	0.0000000e+000	0.0000000e+000
32	1.2392520e+002	3.5889729e+001	0.0000000e+000	0.0000000e+000	0.0000000e+000	0.0000000e+000

图5-45 大面预警数据文档示意图

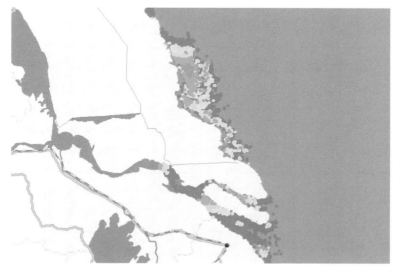

图5-46 大面预警效果展示图

2）示范点预警

基于数值模型计算的每月天文潮结果，提取西太阳沙、洋口港、冷家沙和腰沙4个示范点的月天文潮预报数据，统计每个示范点预报月份出现四级潮位激涨的具体情况，内容包括出现日期、相应日期潮位半小时涨幅最大值和对应的涨潮时段。产品最后格式为Excel，见图5-47。

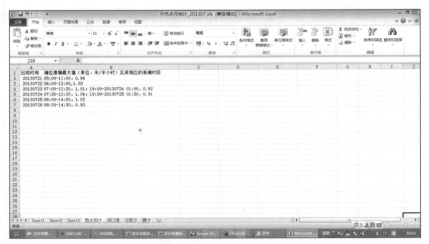

图5-47　示范点预警信息示意图

5.2.3　台风期间观测预警信息通报

在台风影响期间，利用苏北浅滩"怪潮"监测预警系统，制作台风期间观测预警信息通报，内容包括：① 实时观测风、浪、潮信息；② 风暴潮预警报系统；③ 台风浪预警报信息，形式见图5-48。

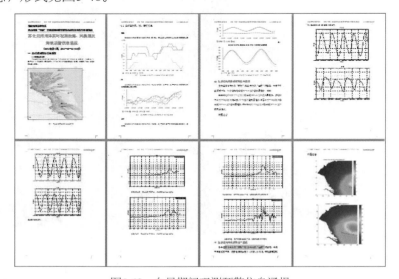

图5-48　台风期间观测预警信息通报

5.2.4 预报结果准确性检验

苏北浅滩预警报体系2011年6月30日建设完成并业务化试预报，截至目前已运行近两年，每月进行风、潮预报结果检验，根据检验结果对模型参数进行修正。

5.2.4.1 潮位预报准确性评估

1）常规天气情况

挑选吕四、洋口港、火星沙、竹根沙的潮位数据进行比对，常规天气情况，潮位预报平均绝对误差为23～35 cm（表5-2、图5-49至图5-53）。

表5-2 潮汐预报验证平均绝对误差（cm）统计表

站位	时间段				
	2011年12月3—17日	2012年2月22日至3月14日	2012年5月1—31日	2012年6月1—28日	2013年6月1—30日
吕四	24	29	28	29	—
洋口港	23	30	27	31	35
火星沙平台	—	—	28	31	—
竹根沙	—	—	—	—	32

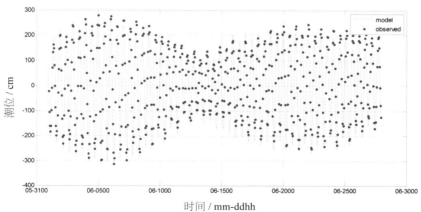

图5-49 吕四潮位比对（2012年6月1—27日）

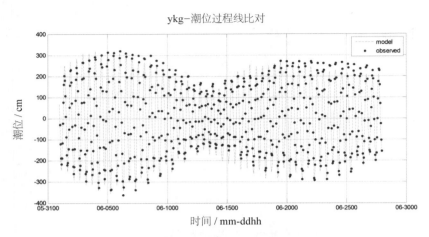

图5-50　洋口港潮位比对（2012年6月1—27日）

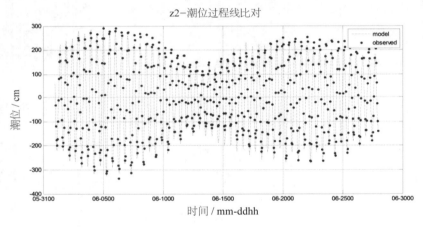

图5-51　火星沙平台潮位比对（2012年6月1—27日）

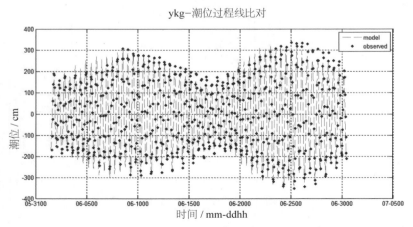

图5-52　洋口港潮位比对（2013年6月1—30日）

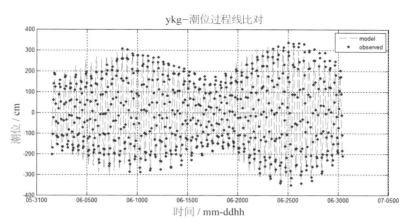

图5-53 竹根沙潮位比对（2013年6月1—30日）

2）极端天气情况

挑选2012年5—6月6次大风过程和2013年6月2次大风过程进行极端天气情况下的潮位比对，未受明显天气系统影响时各站潮汐平均绝对误差为25～35 cm（见表5-3）。

表5-3 异常天气系统影响下潮汐（cm）预报验证

站位	时间段							
	2012年5月12—14日	2012年5月28—29日	2012年5月30—31日	2012年6月6—7日	2012年6月13—14日	2012年6月26—27日	2013年6月5—9日	2013年6月24—27日
吕四	18	15	35	28	35	23	—	—
洋口港	13	11	37	32	35	25	42	32
火星沙平台	12	13	38	32	35	26	—	—
竹根沙平台	—	—	—	—	—	—	35	25

2012年5月12—16日，黄海南部先后受东海气旋出海和低压出海影响，潮位预报平均绝对误差为15～20 cm（见图5-54至图5-56）。

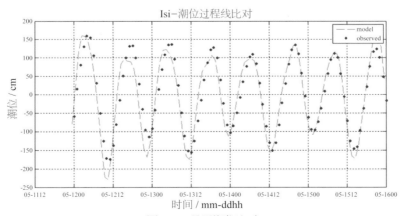

图5-54 吕四潮位比对

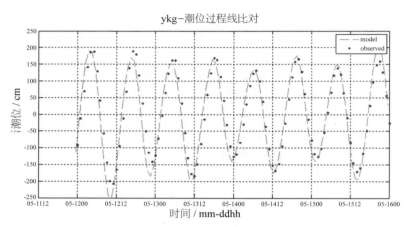

图5-55 洋口港潮位比对

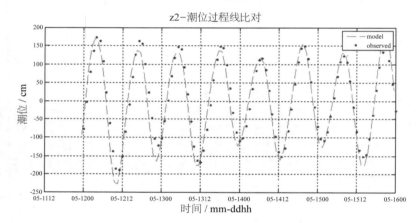

图5-56 火星沙平台潮位比对

2012年6月5—8日，黄海南部受高压后部低压前部梯度风影响，潮位平均绝对误差为20～30 cm（见图5-57至图5-59）。

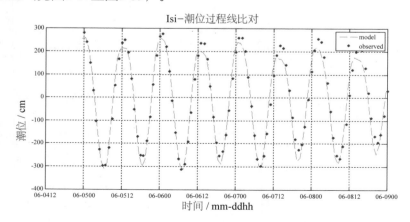

图5-57 吕四潮位比对图

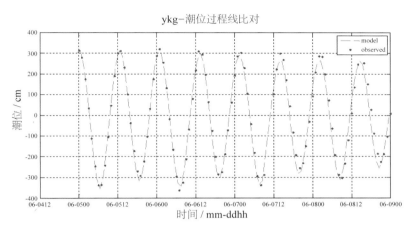

图5-58　洋口港潮位比对图

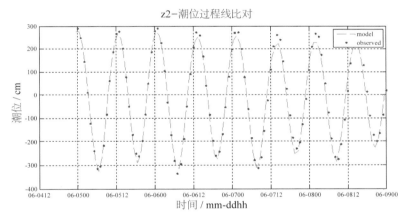

图5-59　火星沙平台潮位比对图

2013年6月5—9日，黄海海域受黄海气旋影响，潮位平均绝对误差为35～42 cm（见图5-60和图5-61）。

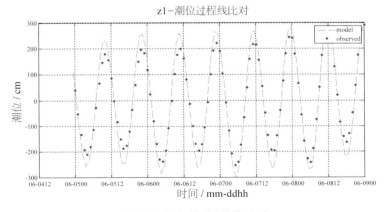

图5-60　竹根沙平台潮位比对

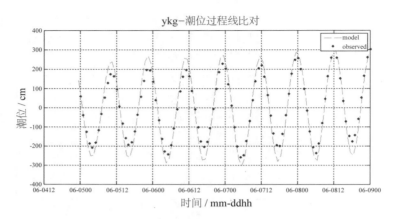

图5-61　洋口港潮位比对

2013年6月24—27日，黄海海域受黄海气旋影响，潮位平均绝对误差为25～32 cm（见图5-62和图5-63）。

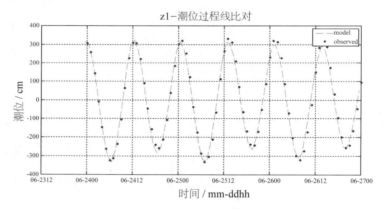

图5-62　竹根沙平台潮位比对

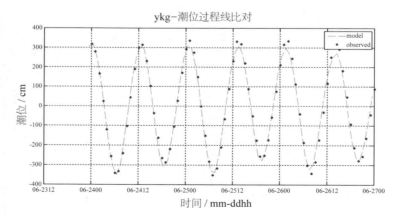

图5-63　洋口港潮位比对

5.2.4.2 数值预报风准确性评估

1）常规天气情况

从2011年7月开始，每月挑选QF201、吕四、洋口港、竹根沙平台、连云港风速、风向进行比对，常规下各站风速平均绝对误差为2.9 m/s，风向41°（见表5-4）。

表5-4 风速、风向预报验证平均绝对误差统计

站位	时间段									
	2011年11月1—28日		2011年12月2—9日		2012年2月19—24日		2012年4月30至6月28日		2013年6月1—6日和2013年6月10—24日	
	风速/(m·s⁻¹)	风向/(°)	风速/(m·s⁻¹)	风向/(°)	风速/(m·s⁻¹)	风向/(°)	风速/(m·s⁻¹)	风向/(°)	风速/(m·s⁻¹)	风向/(°)
QF201	2.6	70	—	—	—	—	—	—	2.5	37
吕四	2.0	48	2.5	50	1.4	74	2.5	42	—	—
洋口港	2.5	42	2.4	46	1.5	82	3.4	38	2.5	37
竹根沙	—	—	—	—	—	—	2.7	44	2.7	34
连云港	—	—	—	—	—	—	2.8	35		

2）极端天气情况

极端天气情况见（表5-5和表5-6）。

表5-5 极端天气系统（台风）影响下风速、风向预报验证（一）

站位	时间段					
	2012年5月12—14日		2012年5月28—29日		2012年5月30—31日	
	风速/(m·s⁻¹)	风向/(°)	风速/(m·s⁻¹)	风向/(°)	风速/(m·s⁻¹)	风向/(°)
洋口港	3.7 m/s	21	4.5 m/s	13	3.9 m/s	37
连云港	2.8 m/s	47	4.7 m/s	12	2.8 m/s	37
吕四	2.4 m/s	31	1.8 m/s	12	1.7 m/s	41
竹根沙	2.4 m/s	23	2.1 m/s	12	3.1 m/s	53

表5-6 极端天气系统（台风）影响下风速、风向预报验证（二）

站位	时间段							
	2012年6月6—7日		2012年6月13—14日		2012年6月26—27日		2013年6月6—9日	
	风速/(m·s⁻¹)	风向/(°)	风速/(m·s⁻¹)	风向/(°)	风速/(m·s⁻¹)	风向/(°)	风速/(m·s⁻¹)	风向/(°)
洋口港	3.4	23	2.5	24	2.5	32	2.1	31
连云港	2.7	37	1.7	22	2.3	27	—	—
吕四	3.4	41	1.3	32	2.4	31	—	—
竹根沙	4.4	23	2.1	12	2.6	33	2.1	32
QF201	—	—	—	—	—	—	2.2	32

2013年6月各站风速、风向比对图如图5-64至图5-66所示。

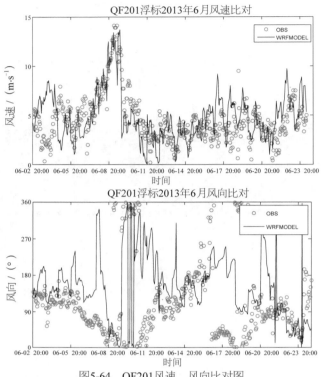

图5-64　QF201风速、风向比对图

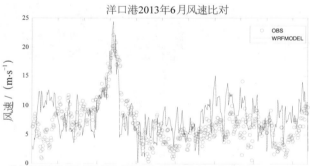

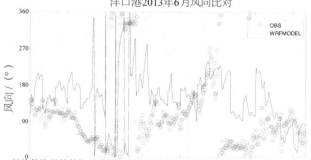

图5-65　洋口港风速、风向比对图

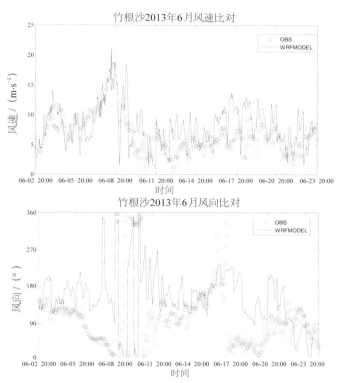

图5-66 竹根沙风速、风向比对图

5.2.4.3 数值预报浪准确性检验

基于业务化运行的海浪数值预报结果，挑选2013年6月QF201浮标实测数据进行有效波高比对，常规天气下，有效波高平均绝对误差为0.25 m，6月5—9日该海域受黄海气旋影响明显，有效波高平均绝对误差为0.50 m（图5-67）。

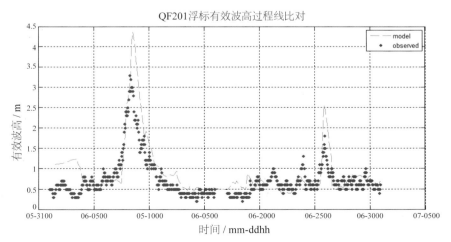

图5-67 QF201有效波高比对

5.2.5 风浪综合预报产品检验

为了提高苏北浅滩海域的预报质量（水平），预报室每月都会对该预报的准确性进行评估，现选取2012年7月和8月的预报与实况进行比对。其中苏北浅滩内部海域选用火星沙平台（06418）进行比对，苏北浅滩辐射沙脊海域选用苏北浅滩（QF201）进行比对，预报准确率见表5-7和图5-68至图5-73。

表5-7　苏北浅滩海域2012年7月、8月各预报要素比对（%）

	苏北浅滩内部海域		苏北浅滩辐射沙脊海域	
	风	浪	风	浪
7月	90	—	84	90
8月	92	—	70	73
1210号"达维"	100	100	90	90
1215号"布拉万"	100	—	90	90

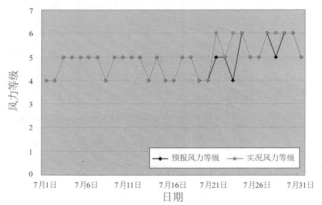

图5-68　苏北浅滩内部海域7月预报风力与实况风力对比

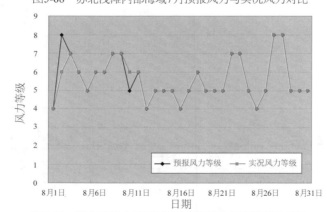

图5-69　苏北浅滩内部海域8月预报风力与实况风力对比

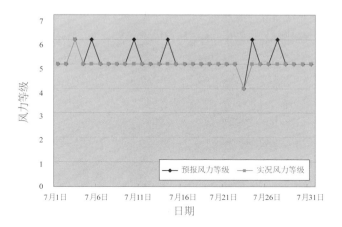

图5-70　苏北浅滩辐射沙脊海域7月预报风力与实况风力对比

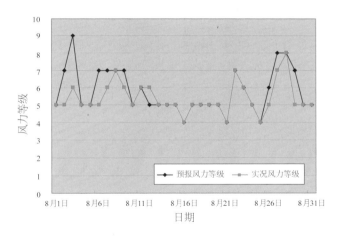

图5-71　苏北浅滩辐射沙脊海域8月预报风力与实况风力对比

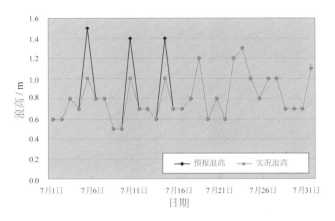

图5-72　苏北浅滩辐射沙脊海域7月预报浪高与实况浪高对比

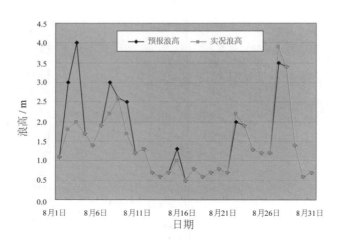

图5-73　苏北浅滩辐射沙脊海域8月预报浪高与实况浪高对比

从以上结果可以看到，无论台风过程还是日常预报中，我们对苏北浅滩内部海域的预报准确度比苏北浅滩辐射沙脊海域高，苏北浅滩辐射沙脊海域整体预报偏大些，尤其是在台风过程。这是因为首先由于台风路径的不确定性，其次是为了起到警示作用，所以预报台风时一般会偏大些。

6 综合信息服务平台

6.1 综合服务平台功能设计及建设架构

6.1.1 平台功能设计

综合服务平台涉及数据包括数据库存储的属性数据（如监测、调查数据等）和文件系统存储的数据（主要指数值预报结果数据）。其中，nc数据无法直接可视化展示，需相应的处理程序进行数据处理，实现数值预报成果的可视化。整个平台数据处理流程见图6-1。

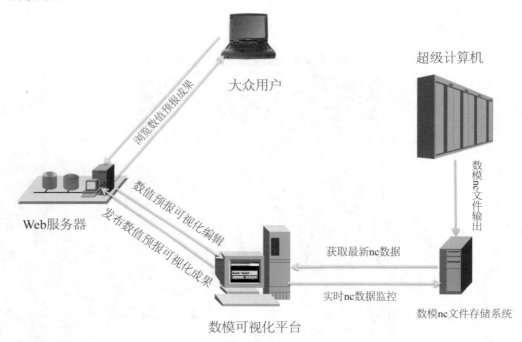

图6-1 数模预报业务流程图

该平台功能主要分为两部分：①数值预报结果数据的可视化处理，包括大面数据、单点数据和预警数据生成及发布；②"怪潮"监测、调查数据及预警报产品的实时发布。

6.1.2 平台架构设计

该平台采用三层体系（表现层、数据层和业务层）和C/S、B/S结构相结合的架构进行设计与开发，平台体系架构见图6-2。

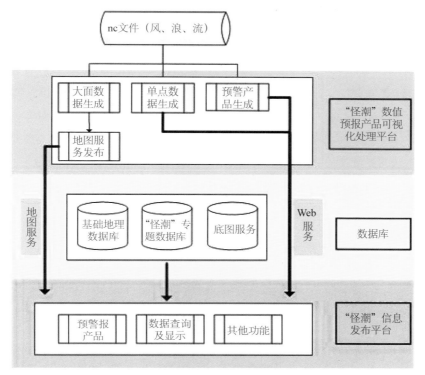

图6-2 平台体系架构

其中，基于C/S体系结构的"'怪潮'数值预报产品可视化处理系统"主要服务于中心业务部门和南通市海洋与渔业局，负责数值预报产品的大面数据、单点数据和预警信息生成、提取及发布（发布表现为将GIS数据发布为地图服务）；而B/S的"'怪潮'灾害监测预警信息发布系统"服务于社会大众，用于"怪潮"灾害监测、调查数据和预警报产品的查询及可视化展示。

根据平台体系架构图，综合服务平台主要包括三部分建设内容：①"怪潮"专题数据库（即数据层）；②"怪潮"数值预报产品可视化处理系统（即业务层）；③"怪潮"灾害监测预警信息发布系统（即表现层）。

6.2 "怪潮"专题数据库

"怪潮"专题数据库数据来源主要包括苏北浅滩海域内海洋台站、浮标、地波雷达等观测设备的全要素观测数据；地形调查、断面调查、潜标观测等数据；"怪潮"历史灾害数据；照片、视频等多媒体数据以及遥感影像数据（见表6-1）。

表6-1 "怪潮"数据类别列表

序号	数据类型	数据内容
1	实时观测数据	风、浪、潮、流等全要素实时观测数据
2	"怪潮"海洋灾害数据	苏北浅滩沿海区域1959年以来的历史灾害数据
3	多媒体数据	项目研究过程中的视听音像资料、图片资料等多媒体信息
4	地形调查数据	东海高程数据、数字化水深、高精度地形测量等资料
5	908专项数据	908专项调查中的流、浪、潮位
6	遥感影像数据	南通的ALOS-Ⅰ、ALOS-Ⅱ、ALOS-101原始数据和成果数据、TM数据
7	断面调查数据	气象数据、海流数据和含沙量数据、C2潮位数据
8	预报数据	统计预报、数值预报结果
9	基础地理地图	海底地形数据、实时监测和断面调查站位及断面分布图、南通养殖用海图、浅滩潮流水道图、养殖区事故多发区、行政区划图、海岸线等

6.2.1 专题数据库建设框架及内容

6.2.1.1 专题数据库硬件建设

数据库服务器是系统的核心，它是系统最为关键的部分，存储最为重要的数据，为系统日常运行及决策提供综合信息服务和数据服务。

随着海洋研究及信息化的不断发展，海洋数据量日益庞大，需要考虑相应的存储解决方案。为满足本课题及东海预报中心信息化建设的需要，本课题使用IBM P550作为数据库服务器，Lenovo SureFiber 640磁盘阵列（RAID0+1）作为存储设备，采用光纤存储架构（SAN），其网络拓扑见图6-3。

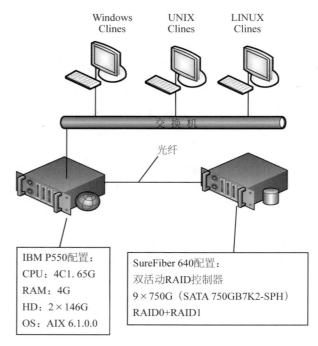

IBM P550配置：
CPU：4C1.65G
RAM：4G
HD：2×146G
OS：AIX 6.1.0.0

SureFiber 640配置：
双活动RAID控制器
9×750G（SATA 750GB7K2-SPH）
RAID0+RAID1

图6-3 数据库服务器网络拓扑

6.2.1.2 专题数据库软件建设

本课题使用Oracle10g作为数据库管理系统，因为Oracle10g能够提供强大的结构化和非结构化数据管理能力，不但能够对关系型的非图形数据提供高效的管理，也能够对海量图形数据和文件型的非结构化数据提供有效的管理和访问机制。

6.2.1.3 专题数据库建设

1）"怪潮"实时观测数据库

苏北浅滩海域包含已有的3个常规海洋站：洋口港、吕四、外磕脚；2个新建平台：竹根沙和火星沙平台；1套地波雷达：吕四、洋口港地波雷达；3个浮标：大型锚系浮标、3 m浮标、测流浮标。

数据通信采用CDMA无线链路、VSAT卫星链路、微波通信等方式，数据分别汇聚至南通中心站、上海中心站和东海标准计量中心，再将数据实时传输到东海预报中心。

观测要素主要包括风、浪、潮、流等全要素数据。根据这些数据的类型和结构设计了"怪潮"实时观测数据库，实现了数据的实时接收及入库（见表6-2）。

表6-2　数据来源信息表

类型	站位	观测要素	数据情况
海洋台站	洋口港	风向、风速、潮位、水温、盐度、波浪等	分钟及整点数据
	外磕脚平台	气压、气温、相对湿度、风向、风速	整点数据
	吕四平台	水温、盐度、水位、气压、气温、相对湿度、风向、风速	分钟及整点数据
观测平台	竹根沙平台	水温、盐度、水位、气压、气温、相对湿度、风向、风速等	分钟级整点数据
	火星沙平台		
地波雷达	吕四地波雷达	表层流向、流速	20 min数据
	洋口港地波雷达		
浮标	3 m浮标	波浪、剖面流速、流向	整点数据
	测流浮标	剖面流速、流向	整点数据
	大浮标	波浪、气压、气温、风向、风速、剖面流速、流向	整点数据

数据库表结构示例见表6-3。

表6-3　tbTzThePoint（台站正点报文数据表）

序号	列名	数据类型	长度	小数位	标识	主键	允许空	默认值	说明
1	id	numeric	9	0	是		否		序列
2	Obdate	datetime					否		观测日期
3	Obtime	datetime	8	3		是	否		观测时间
4	TzNo	varchar	10	0		是	否		台站号
5	Visibility	numeric	9	0			是		能见度
…	…	…	…	…	…	…	…	…	…

创建该数据表的代码如下：

```
create table DH.TBTZTHEPOINT
(
OBTIME              TIMESTAMP（4）not null,
TZNO                NVARCHAR2（10）not null,
OBDATE              TIMESTAMP（4）not null,
VISIBILITY          NUMBER（19, 5）,
WINDDIR             NUMBER（19, 5）,
WINDSPEED           NUMBER（19, 5）,
AIRTEMP             NUMBER（19, 5）,
AIRPRESSURE         NUMBER（19, 5）,
RAIN                NUMBER（19, 5）,
WARTERTEMP          NUMBER（19, 5）,
TOOLWAVESCYCLE      NUMBER（19, 5）,
TOOLWAVESHIGH       NUMBER（19, 5）,
EYEWAVESCYCLE       NUMBER（19, 5）,
EYEWAVESHIGH        NUMBER（19, 5）,
WAVESDIR            NUMBER（19, 5）,
WAVESCYCLE          NUMBER（19, 5）,
WAVESHIGH           NUMBER（19, 5）,
WINDSPEEDMAX        NUMBER（19, 5）,
WINDSPEEDDIR        NUMBER（19, 5）,
```

```
WAVESHIGHMAX          NUMBER（19，5），
WAVESLOCATION         NUMBER（19，5），
WAVESLOCATION1        NUMBER（19，5），
WAVESTIME1            TIMESTAMP（4），
WAVESLOCATION2        NUMBER（19，5），
WAVESTIME2            TIMESTAMP（4）
)
```

2）"怪潮"海洋灾害数据库

"怪潮"海洋灾害资料来源于子任务承担单位，内容主要包括了苏北浅滩沿海区域1959—2008年的历史灾害数据。

数据库表结构示例如表6-4。

表6-4　tbDisasterEvent（灾害数据表）

序号	列名	数据类型	长度	小数位	标识	主键	允许空	默认值	说明
1	ID	int					否		序号列
2	occurTime	datetime					否		发生时间
3	disasterLevel	varchar	50	0			否		灾害等级
4	disasterType	varchar	50	0			否		灾害类型
5	occurPlace	varchar	50	0			否		灾害发生地点
…	…	…	…	…	…	…	…	…	…

创建该数据表的代码如下：

```
create table TBDISASTEREVENTS
(
ID                 NUMBER（12），
OCCURTIME          DATE，
DISASTERLEVEL      NVARCHAR2（20），
DISASTERTYPE       NVARCHAR2（20），
SHIPNAME           NVARCHAR2（20），
OCCURPLACE         NVARCHAR2（20），
DEATHS             NUMBER（18），
WRECKS             NUMBER（18）
)
```

3）"怪潮"多媒体数据库

"怪潮"多媒体数据主要包括了项目研究过程中的视听音像资料、图片资料等多媒体信息。

数据库表结构示例如表6-5。

表6-5 tbDisasterVideo（多媒体信息表）

序号	列名	数据类型	长度	小数位	标识	主键	允许空	默认值	说明
1	ID	int					否		序号列
2	Video_name	varchar	50				否		多媒体文件名
3	Path	varchar	50				否		文件路径
4	Remark	varchar	255				否		备注

创建该数据表的代码如下：

```
create table TBDISASTERVIDEO
(
ID                  NUMBER（12）not null,
VIDEO_NAME          VARCHAR2（50）,
PATH                VARCHAR2（50）,
REMARK              VARCHAR2（255）
)
```

4）"怪潮"地形数据库

"怪潮"地形数据包括了东海高程数据、数字化水深、高精度地形测量等资料（见表6-6）。地形数据采用不同的入库方式：① 使用ESRI提供的数据库对GIS图层进行入库、管理；② 使用大型关系数据库对地形数据进行入库、管理。

表6-6 数据来源表

数据类型	数据名		比例尺
高程	东海高程数据		1∶50 000、1∶250 000
水深	数字化水深		1∶120 000、1∶100 000、1∶10 000、1∶2.50 000、 1∶300 000、1∶3.50 000、1∶150 000
	908专项	DX47	
		DX48	
	苏北"怪潮"高精度地形测量		1∶5 000、1∶10 000
	黄渤海水深		1∶1000 000

数据库表结构示例见表6-7。

表6-7 tbTerrian（地形数据表）

序号	列名	数据类型	长度	小数位	标识	主键	允许空	默认值	说明
1	X	numeric	18	3			否		经度
2	Y	numeric	18	3			否		纬度
3	Z	numeric	18	3			否		高程、水深
4	Source	varchar	50	0			否		资料来源
…	…	…	…	…	…	…	…	…	…

创建该数据表的代码如下：

```
create table TBTERRAIN
(
X              NUMBER（18，4）not null,
Y              NUMBER（18，4）not null,
Z              NUMBER（18，4），
SOURCE         VARCHAR2（255）
)
tablespace USERS
pctfree 10
initrans 1
maxtrans 255
storage
(
initial 64K
minextents 1
maxextents unlimited
）；
```

5）"怪潮"908专项数据库

908专项调查区域覆盖了"怪潮"研究区域，因此，908专项调查中的流、浪、潮位对"怪潮"研究来说也是宝贵的资料。

已完成入库的908专项数据见表6-8。

表6-8　908数据情况

编号	要素	数据
1	浪	ST03和ST04两个海区四季的调查数据
2	流	①锚系ADCP数据； ②走航ADCP数据； ③固定点位测流数据（16个点）
3	水位	多个站位一段时间的水位值

针对不同类型的数据，共建立了6个数据表，结构示例见表6-9。

表6-9　tbShipstationinfo（走航站位信息表）

序号	列名	数据类型	长度	小数位	标识	主键	允许空	默认值	说明
1	Id	int			是		否		序列
2	N_OBSERVELAYER	number	12	0			否		调查编号
3	OBSERVEDATE	Char	14				否		调查时间
4	SHIP_LAT	numeric	9	6			否		经度
…	…	…	…	…	…	…	…	…	…

创建该数据表的代码如下：

```
create table SHIP_STATIONINFO
(
ID                 NUMBER（12）not null,
N_OBSERVELAYER     NUMBER（12）,
OBSERVEDATE        CHAR（14）not null,
SHIP_LAT           NUMBER（9，6）,
SHIP_LON           NUMBER（10，6）,
SHIP_VEL           FLOAT,
SHIP_DIR           FLOAT,
OBSERVE_DEPTH      FLOAT,
PROBE_TEMP         FLOAT,
INTERVALT          NUMBER（12）,
AVERAGET           NUMBER,
FILENAME           CHAR（10）
)
```

6)"怪潮"遥感影像数据库

遥感影像数据主要来源于子任务承担单位,主要包括了南通的ALOS-Ⅰ、ALOS-Ⅱ、ALOS-101原始数据和成果数据、TM数据。数据库表结构示例见表6-10。

表6-10 tbSatelliteImage(卫星遥感影像表)

序号	列名	数据类型	长度	小数位	标识	主键	允许空	默认值	说明
1	SatName	int					否		卫星名
2	Sensor	varchar	50	0			否		遥感器名
3	UpperLeft_Lat	numeric	18	3			否		左上角纬度
4	UpperLeft_Lon	numeric	18	3			否		左上角经度
5	LowerLeft_Lat	numeric	18	3			否		右下角纬度
…	…	…	…	…	…	…	…	…	…

创建该数据表的代码如下:

```
create table TBSATELLITEIMAGE
(
SATNAME                  VARCHAR2(20),
SENSOR                   VARCHAR2(50),
SCENEID                  NUMBER,
UPPERLEFT_LAT            NUMBER,
UPPERLEFT_LON            NUMBER,
LOWERLEFT_LAT            NUMBER,
LOWERLEFT_LON            NUMBER,
SCENEDATE                DATE,
METERS_PER_PIXEL         NVARCHAR2(50),
COLOR_MODE               NUMBER,
RED_BANDWIDTH            NUMBER,
GREEN_BANDWIDTH          NUMBER,
BLUE_BANDWIDTH           NUMBER,
PICTURE_FILENAME         VARCHAR2(50),
PICTURE_PATH             VARCHAR2(50),
IMAGEDATE_FILENAME       VARCHAR2(50),
IMAGEDATE_PATH           VARCHAR2(50)
)
```

7）"怪潮"断面调查数据库

断面调查数据来源于子任务承担单位，主要包括：气象数据、海流数据和含沙量数据、C2潮位数据。针对不同类型的数据共建立了4个表。海流数据库表结构见表6-11。

表6-11　tbOceanCurrent（**断面调查-海流数据表**）

序号	列名	数据类型	长度	小数位	标识	主键	允许空	默认值	说明
1	Id	int			是		否		序列
2	Station	varchar	50	0		是	否		站位
3	lat	numeric	18	3			否		纬度
4	Lon	numeric	18	3			否		经度
5	obdatetime	datetime				是	否		观测时间
6	CS0	numeric	18	3			是		表层流速
7	CD0	numeric	18	3			是		表层流向
…	…	…	…	…	…	…	…	…	…

创建该数据表的代码如下：

```
CREATE TABLEtbOceanCurrent（
    [ID] [int] NULL,
    [station] [varchar] （50）NULL,
    [lat] [numeric] （18，3）NULL,
    [lon] [numeric] （18，3）NULL,
    [obdatetime] [date] not NULL,
    [CS0] [numeric] （18，0）NULL,
    [CD0] [numeric] （18，0）NULL,
    [CS1] [numeric] （18，0）NULL,
    [CD1] [numeric] （18，0）NULL,
    [CS2] [numeric] （18，0）NULL
    …
）ON [PRIMARY]
```

6.2.2　"怪潮"专题数据处理

"怪潮"专题数据（这里主要指实时监测数据）分为以下4个流程，见图6-4和图6-5。

① 由各采集点传回的数据首先传到数据中心的预处理节点，由该节点进行数据报文的分析、整理、翻译；从而使原始数据达到录入数据库的要求。

② 经过预处理的数据，由系统实时自动录入数据库服务器。

③ 数据库服务器将录入的数据编排整理后，存放到存储设备的指定位置。

④ 对于延时数据，进行人工整理后，手动录入至数据库进行存储。

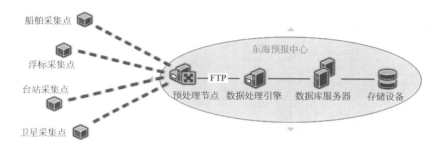

图6-4　实时监测数据处理流程

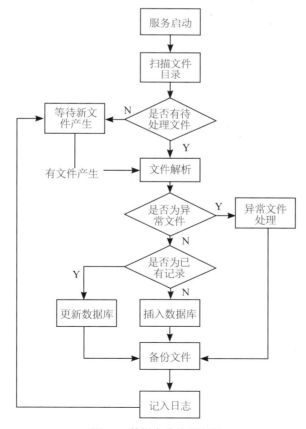

图6-5　数据自动处理流程

同时为了监控数据处理的流程，建设了监控平台，实时监控数据接收处理的状态，并反映在监控界面上。同时，可以在界面上启动、停止后台服务，并配置服务器、数据库等相关信息（见图6-6）。

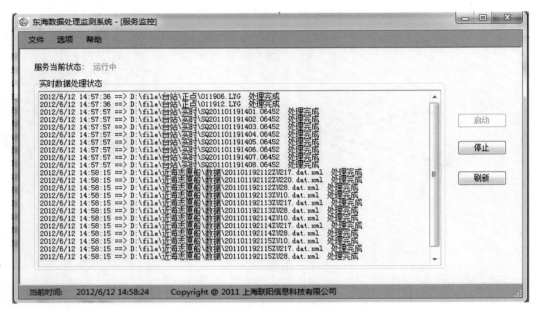

图6-6　监控平台界面

6.2.3 "怪潮"专题数据管理平台

为了实现"怪潮"监测体系，断面调查数据、遥感影像资料等多源数据的有效融合，针对"怪潮"灾害数据使用的需求建立"怪潮"数据管理平台（见图6-7和图6-8）。

"怪潮"数据管理平台由"底层基础数据层-业务逻辑层-前台显示层"三层架构组成。

底层基础数据层：由"怪潮"区域海洋信息数据库、历史灾害数据库、断面调查数据库、地形数据库、基础地理数据库、908专项相关数据库、遥感影像数据库、多媒体数据库八大类数据库表组成。

业务逻辑层：数据录入管理根据不同数据类型各自建立独自的数据库表，录入管理模块负责将数据分类进入不同的数据库。

前台显示层：负责从"怪潮"专题数据库中读取并组合各种符合条件的数据，通过列表化简单易懂的方式展现给用户。

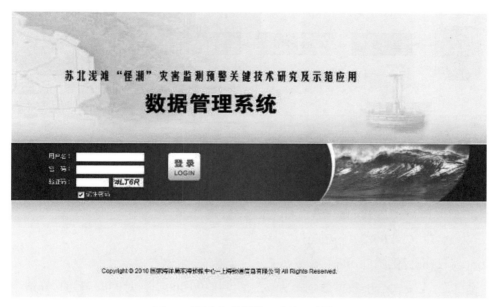

图6-7 "怪潮"数据管理系统登录界面

图6-8 "怪潮"数据查询结果界面示例

6.3 "怪潮"数值预报产品可视化处理系统

　　"怪潮"数值预报产品可视化处理系统是"怪潮"灾害监测预警的后台信息可视化系统处理平台，面向预报中心的业务工作人员，主要实现数值预报成果的可视化产品制作功能。业务层是整个应用系统建设的核心内容，负责与数值计算模块进行交互，读取nc文件并转换为GIS要素数据集，最终发布为地图服务，是基于WebGIS的预报成果可视化发布的基础。数值预报产品的数据处理流程见图6-9。

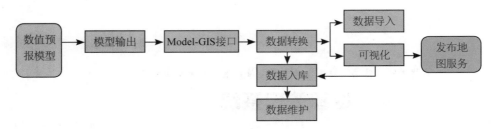

图6-9　业务层数据可视化流程

6.3.1　开发环境

GIS组件：ArcGIS Engine 9.3、ArcGIS Server 9.3;

开发语言：C# 2008、Fortran;

nc接口：nc提供的Fortran接口。

"怪潮"流模式结果数据数据量大，三角网仅90 000个，时间间隔为10 min。尽管ArcGIS提供了时态数据处理工具，但直接使用ArcGIS Engine提供的接口进行流数据处理时，会产生异常。由于Fortran计算能力强，数据处理速度快，最终选用nc的Fortran接口进行流数据简化，将其转换为逐时数据，再利用ArcGIS Engine提供的方法进行处理。

6.3.2　主要实现功能

该平台的数据源是数值预报结果数据，包括：风（主要是风速、风向和气压）、浪（浪向和浪高）和流（流速、流向，还包括潮位信息）。数值预报结果数据是以nc格式进行存储。该平台主要实现数值预报结果数据的大面数据、单点数据和预警信息的生成及发布，具体功能设计见图6-10。

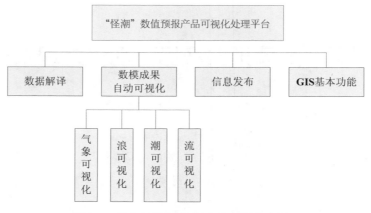

图6-10　数值预报成果可视化处理平台功能图

6.3.3 海浪模式数据可视化

6.3.3.1 海浪模式数据简介

海浪模式采用不规则三角网格计算，结果为nc文件。其中，与计算相关的维和变量有：

1）维

node：三角网网格节点数。

time：时间。

2）变量

node_x：经度坐标；

node_y：纬度坐标；

Hs：波高变量；

Dir：波向变量；

Per：波周期变量；

time_str：时间变量。

6.3.3.2 可视化处理流程

使用ArcGIS Engine提供的gp工具，读取nc数据、生成点图层、使用反距离权重插值内插生成浪高栅格图、生成等值线、提取值点位上的波向，最终将结果发布为地图服务。为增强栅格显示效果，采用双线性内插对栅格进行冲采样处理。同时，依据海浪数值计算范围，裁剪栅格。整个数据处理过程见图6-11。

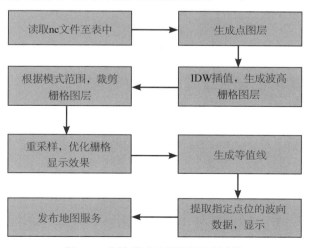

图6-11 海浪模式结果数据处理步骤

6.3.3.3　海浪可视化显示效果

　　海浪的显示方式：以栅格和等值线两种方式表示浪高，以箭头矢量图表示波向。显示效果见图6-12。

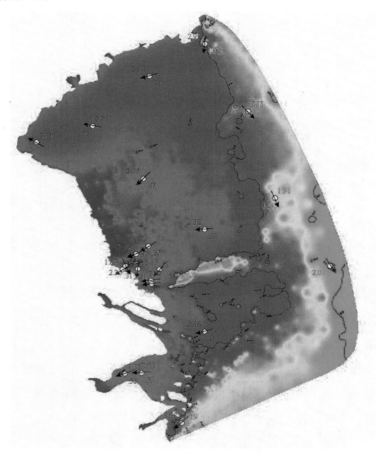

图6-12　海浪可视化显示效果

6.3.4　气象模式可视化处理

6.3.4.1　气象模式数据简介

　　平台主要针对WRF模式的海平面气压、海平面风场、高空压力场等几个要素的可视化处理，WRF模式采用规则网格进行数值计算。

　　等高线：对应模型变量为等高线PH和PB，单位为位势米（gpm），其中PH和PB为模型输出结果，这两个变量大小为24（时间）×28（垂直分层）×162（纬向）×240（经向）。

等温线：对应模型变量为等温线T和P，单位为摄氏度（℃），其中T为模型输出结果，T的大小为24（时间）×28（垂直分层）×162（纬向）×240（经向）。P在不同的等压面上取值不同，详细如下所示：

在500 hPa等压面上，绘制第14层，此时P=500。

在700 hPa等压面上，绘制第11层，此时P=700。

在850 hPa等压面上，绘制第8层，此时P=850。

海平面气压：对应模型变量为PSFC，单位为帕（Pa），这个变量大小为24（时间）×162（纬向）×240（经向）。绘制海平面气压时要将PSFC/100，此时单位是百帕（hPa）。

经向风：对应模型变量为U10，这两个变量大小为24（时间）×162（纬向）×240（经向）。

纬向风：对应模型变量为V10，这两个变量大小为24（时间）×162（纬向）×240（经向）。

海平面风速表达为经向风和纬向风的矢量合成，即为：

LON：纬度坐标；

LAT：经度坐标。

6.3.4.2 可视化处理流程

气象数值模式数据可视化处理时，生成高空气压和海平面气压都是通过等值线进行表示，其处理过程与海浪处理流程类似，主要是内插生成栅格，根据栅格生成等压线。

海平面风场使用点图层表示，以风杆图标识各点位上的风速和风向。风杆的表示采用国际通用的风杆表示方法。网格节点的风速大小及方向是由U10、V10分量的数值进行矢量合成产生的。海平面风场可视化处理流程见图6-13。

6.3.4.3 气象可视化显示效果

以海平面风的风杆图表示为例，显示效果如见6-14。

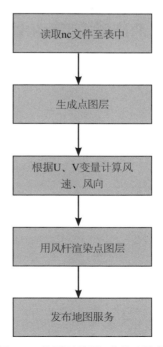

图6-13 海平面风可视化处理流程

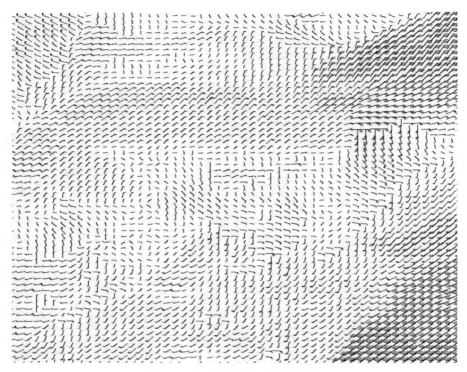

图6-14　海平面风可视化显示效果

6.3.5　海流模式可视化处理

6.3.5.1　海流模式数据简介

海流模式采用不规则三角网格计算，输出结果包括海流和潮位两个要素值。其中，各海流值的位置是相应三角网的中心，而潮位值对应的点位是网格点。海流模式输出数据中的关键维度和属性包括：

1）维

node：网格节点个数；

nele：三角面个数。

2）属性

x（node）：网格节点经度；

y（node）：网格节点纬度；

siglay：海流垂向分层，1为表层；

nv（3，nele）：三角形网格（nele）三个顶点（node）的下标；

zeta：水位（time，node）；

u：三维流速u分量（东分量），与时间、垂向分层、三角网节点（time，siglay，nele）呈多维关系；

v：三维流速v分量（北分量），与时间、垂向分层、三角网节点（time，siglay，nele）呈多维关系。

三角面中心点位的经纬度由构成三角面的三个顶点坐标计算所得。假设第i个三角形，其中心位置可由下式计算：

xele= {x [nv（1，i）] +x [nv（2，i）] +x [nv（3，i）] } /3

yele= {y [nv（1，i）] +y [nv（2，i）] +y [nv（3，i）] } /3

该平台目前仅处理表层海流数据。

6.3.5.2　可视化处理流程

数值预报模式调试结束后，模式网格划分也基本固定。为减少数据处理时间，可预先提取三角面中心点位，无须在每次进行可视化处理时再计算生成三角面中心点位。

流速、流向通过U、V变量计算可得，海流模式可视化处理流程见图6-15。潮位可视化处理相对于海流模式处理流程来说相对简单，无须生成箭头矢量图。

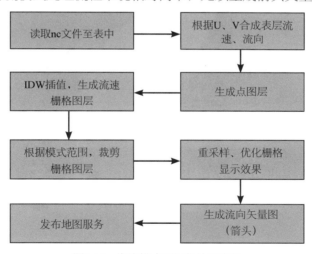

图6-15　海流模式可视化处理流程

由于海流点位数仅90 000个，数据量大，当显示比例尺较小时，多个箭头叠加，严重影响显示效果。因此，需实现流向箭头的多级显示效果，尝试以下3种解决方案。

方案1：固定在屏幕上的箭头显示数，根据当前可视比例尺和可视范围，动态计算当前视图内应该显示的点位。处理后的箭头是均匀显示，达到了分级显示的效果，但是显示速度较慢，用户交互效果较差。

方案2：预设几个显示级别，预先设定各显示级别下的显示点位。根据当前的显示比例尺，动态改变可视范围内的箭头。较方案1，显示效果有所提高，但当显示级别切换时，会造成闪动的效果，影响交互效果。

方案3：根据方案2预设的显示级别，预先生成多个图层。根据当前的显示比例尺，确定应该显示的图层，通过图层的开关实现分级显示效果。相较于前两种方案，该方案的效果能满足分级显示效果，用户交互效果好，唯一不足的是增加了后台处理时间。

最终选用方案3。

6.3.5.3 海流模式可视化效果

用栅格表示海流流速，箭头表示海流流向，潮位则直接用栅格表示。显示效果见图6-16。

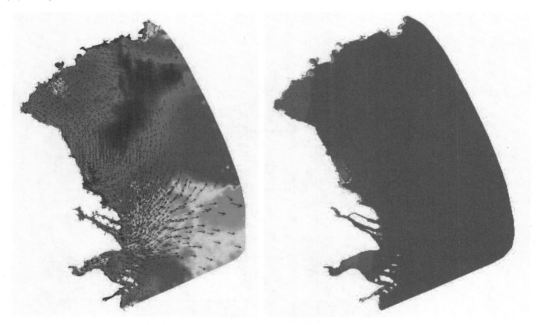

图6-16 海流模式可视化显示效果

6.4 "怪潮"灾害监测预警信息发布系统

"怪潮"灾害监测预警信息发布系统主要发布"怪潮"监测和调查数据、预警报产品、研究成果和海底地形数据等数据，为相关业务部门、行政机构和社会公众提供数据共享与服务。

6.4.1　开发环境

GIS平台：ArcGIS API For Flex、ArcGIS Server；

编程语言：Flex、C#2008；

三维开发平台：Skyline。

6.4.2　主要实现功能

"怪潮"灾害监测预警信息发布系统主要有监测体系展示、数据查询、预警报产品展示、机理研究等功能，具体见图6-17。

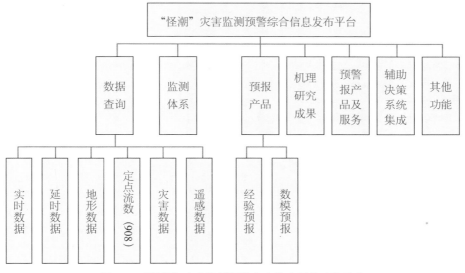

图6-17　"怪潮"灾害监测预警信息发布系统功能示意

6.4.3　平台具体实现

该平台调用的数据源有两类：①通过WebService直接读取数据库中的数据；②ArcGIS Server发布的地图服务。其中，WebService调用的数据包括："怪潮"监测体系实时监测的数据、断面调查数据、潜标数据和908调查数据；发布为地图服务的数据主要有：监测体系站位分布图、海底地形数据和数值预报成果大面数据等。

数据查询及展示主要是使用Flex提供的绘图控件，以图形和表格两种方式表示。为提高显示速度，在WebService中进行SQL语句优化，提高数据查询速度。

地形展示采用二维、三维集合显示的方式，其中，二维地形是以等深线和地形

DEM表示。由于研究区数据精细，等深线数据量大，为提高显示速度，对等深线地图服务进行切片缓存处理。三维地形是基于Skyline开发的，使用TerraBuilder进行三维地形数据编辑与制作，使用TerraGate实现地形数据的网络发布，为三维地形的网络发布提供数据源。

数值预报产品展示采用静态和动态两种方式表示。动态展示以更直观、连续的方式展示未来三天风、浪、流和潮位的动态变化过程。

6.5 "怪潮"灾害监测预警综合服务平台业务化运行

6.5.1 平台部署、试运行情况

"怪潮"综合信息服务平台已于2012年5月完成建设，开始投入试运行。由于综合服务平台涉及观测数据及预报产品，而中心内外网实行物理隔离，无法实现这两类数据在一个平台上同时展示。目前，该综合服务平台在内外网分别部署，内网平台主要实现"怪潮"监测体系展示、观测数据（包括实时观测和调查数据）查询展示，外网平台主要实现预警报产品的发布。数值预报产品可视化处理系统自动监测指定文件夹的文件情况，一旦有新的nc文件加入该文件夹，程序自动启动解译处理流程，最终发布地图服务，为外网发布平台提供数据源。数值预报结果于每日10时前计算完成，可视化产品处理平台自动启动数据处理，整个计算过程约7 h，计算完成后自动更新发布未来三天风、浪、流和潮位场的变化过程。综合预报产品于每日17时发布。

系统部署后，内网系统主要用于东海预报中心预报人员查询并查看"怪潮"数据。自2012年8月底开始，已通过该平台向南通海洋环境监测中心站、南通市海洋与渔业局提供"怪潮"预警报信息服务，并在服务期间，不断地修正、完善平台。

同时，南通市海洋与渔业局建成"怪潮"灾害预报发布平台，并于2012年4月1日正式运行，其核心模块为"怪潮"预报、潮汐预报、海浪警报以及手机发布平台，发布对象主要为沿海行政主管部门、用海企业、出海渔民。通过南通市海洋与渔业局网站的"海洋灾害预警报"版块进入预报模块，每天及时将国家海洋局东海预报中心传输的综合预报产品录入系统，滚动发布，并将详细预报单内容录入"'怪潮'预报"模块，使企业和渔民对预报区域和海洋环境情况有更详细的了解。迄今为止，平台已发布455条预报信息。通过"潮汐预报"模块每天实时发布海洋环境预报产品，迄今已发布455条。通过"手机平台110"模块，向近2 000名从事渔业安全管理、渔业生产的人员的手机发送预警报信息，特别在极端天气来临时，每天发2～3条消息，提醒用海单位和渔民做好防控工作。此举受到渔民的欢迎。该平台还链接了"怪潮"灾害预警综合服务平台链，更好地为广大用海企业和个人提供查询数据和预报产品服务。

6.5.2 平台服务功能

6.5.2.1 实时监测数据查询

监测体系主要用于显示"怪潮"监测体系站位分布，可通过图层控制站点的显示与关闭；最新数据显示各站点最新的分钟级数据（见图6-18和图6-19）。

图6-18 监测站位展示

图6-19 最新数据展示

6.5.2.2　数据查询

实时观测数据查询：主要是对监测体系中的3个海洋站、2个平台、1个大浮标、1个3m浮标的整点数据的查询，包括单站单要素、多站单要素、单站多要素查询及展示（见图6-20至图6-22）。

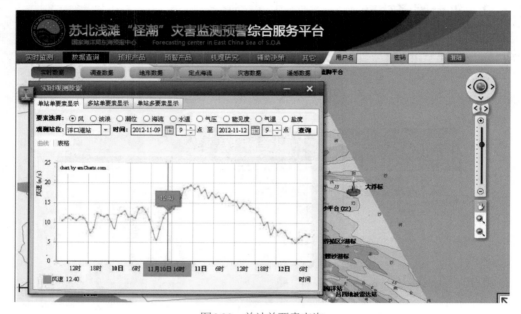

图6-20　单站单要素查询

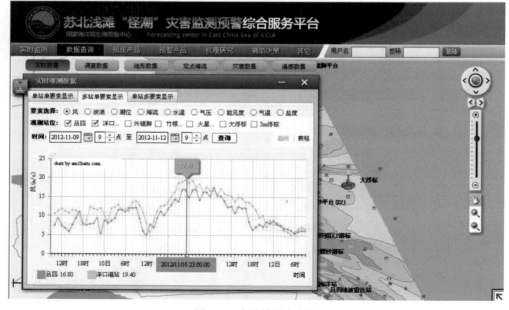

图6-21　多站单要素查询

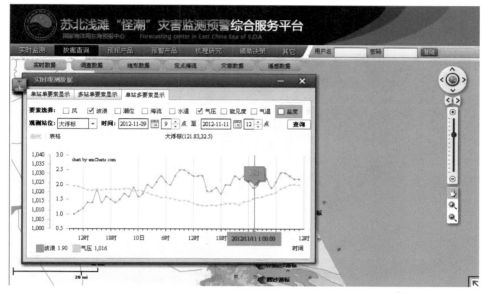

图6-22　单站多要素查询

延时数据查询：主要是对潜标数据、断面调查数据和漂流浮标的查询显示。布设潜标分别是养殖区1、养殖区2和腰沙，潜标数据要素为潮位、流速和流向（见图6-23）。

断面调查完成了春季航次（大潮：2010年5月15—16日和小潮：2010年5月20—21日）和秋季航次（大潮：2010年11月5—6日和小潮：2010年10月31日—11月1日）两次调查，观测要素主要是流、潮位、含沙量和气象。

图6-23　调查数据查询

地形展示：采用二维和三维两种方式进行地形展示（见图6-24和图6-25）。其中，二维地形主要展示等深线，三维地形通过Skyline进行展示。

图6-24　二维地形展示

图6-25　三维地形展示

6.5.2.3　预报产品展示

预报产品包括综合预报和数模预报。

综合预报主要是对研究区内的4个试验点（西太阳沙养殖区、冷家沙养殖区、腰沙、洋口人工岛）和苏北浅滩辐射沙脊海域的风速、风向、波向和波高4个要素3天内的预报（见图6-26）。

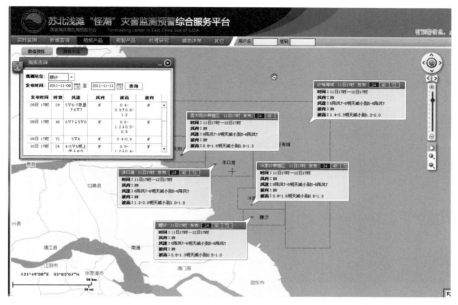

图6-26　综合预报查询及显示

　　数模预报产品主要包括风、浪、流和潮位的大面时序图显示，单点过程线显示。同时提供动态播放过程，可以浏览各要素在72 h时间序列内的变化情况（见图6-27和图6-28）。

图6-27　水位大面图显示

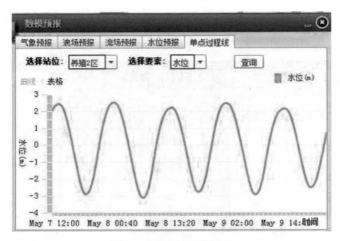

图6-28 单点过程线显示

6.5.2.4 预警产品展示

预警产品主要包括三天预警和月风险统计预警两类产品。

1）三天预警

实现西太阳沙养殖区、冷家沙养殖区和腰沙养殖区的激流预警（关注点3 km范围内是否出现流速大于1.8 m/s的时间段）、滩面过水时刻（3 km范围滩面）、潮位激涨（关注点0.5 h内潮位增加大于或等于80 cm的时间段）和风浪预警（平均风6级以上或有效波高1.5 m以上）（见图6-29）。

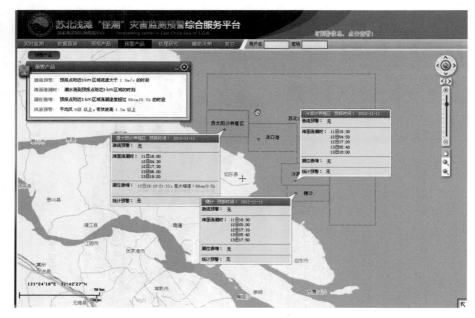

图6-29 预警产品发布

2）月度预测

月度预测产品包括风险预测产品和天文潮预测产品（见图6-30至图6-32）。

风险预测产品：苏北浅滩海域四级潮位激涨预警发生的区域及当月发生频率、4个示范点当月发生潮位激涨的具体情况。

天文潮预测产品：竹根沙平台和火星沙平台当月每日的高低潮时及潮位。

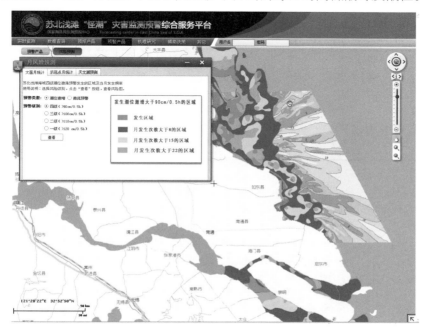

图6-30　大面月风险统计产品展示

月风险预测

大面月统计　示范点月统计　天文潮预测

四个示范点当月发生潮位激涨的具体情况（涨潮时、涨潮时段、半小时涨幅）

选择类型：⊙ 潮位激增

选择示范点：⊙ 西太阳沙　○ 洋口港　○ 冷家沙　○ 腰沙

出现时间	涨潮时刻	涨潮时段	半小时涨幅
2013-07-21	05:00	05:00-11:00	94
2013-07-22	06:00	06:00-12:00	103
2013-07-23	07:00 19:00	07:00-12:30 19:00-24日 01:00	101 92
2013-07-24	07:30 19:30	07:30-13:30 19:30-25日 01:30	104 91
2013-07-25	08:00	08:00-14:00	102
2013-07-26	08:30	08:30-14:30	93

图6-31　示范点月潮位激涨预警统计结果展示

月风险预测

大面月统计　示范点月统计　天文潮预测

选择平台：◉ 竹根沙平台　○ 火星沙平台

日期	第一高潮	第一高潮时	第二高潮	第二高潮时	第一低潮	第一低潮时	第二低潮	第二低潮时
2013-07-01	235	05:50	266	06:30	-124	12:06		
2013-07-02	216	06:56	253	07:30	-107	12:54	-96	01:07
2013-07-03	210	08:06	248	08:30	-109	01:56	-79	02:10
2013-07-04	217	09:12	250	09:25	-118	02:55	-72	03:11
2013-07-05	233	10:08	259	10:15	-134	03:49	-75	04:06
2013-07-06	252	10:56	271	10:59	-152	04:36	-83	04:54
2013-07-07	270	11:37	285	11:39	-171	05:19	-95	05:38
2013-07-08	284	12:14			-187	05:59	-107	06:19
2013-07-09	296	12:16	296	12:49	-200	06:37	-118	06:57
2013-07-10	304	12:51	305	01:22	-208	07:13	-126	07:34

图6-32　天文潮预测产品展示

7 辅助决策系统

7.1 辅助决策系统功能设计与框架结构

7.1.1 系统功能设计

"怪潮"灾害辅助决策系统包括6大功能模块，见图7-1。

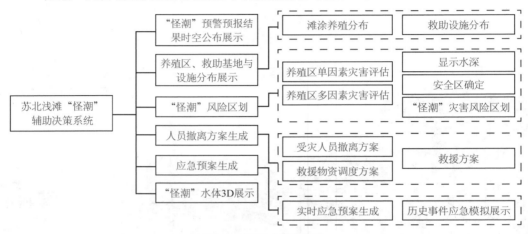

图7-1 系统功能模块图

7.1.2 系统体系结构

根据实际应用需求，苏北浅滩"怪潮"辅助决策系统采用C/S和B/S两种方式、三层架构（前台表现层、中间业务逻辑层、后台数据处理层）搭建。考虑到项目的实际需求以及项目开发的方便性，前台展示层采用Flex编译工具对程序进行开发。中间业务逻辑层以及后台数据处理层采用Java编程语言进行编程，使用BlazeDS中间件实现Java和Flex之间的数据通信；数据库层采用Oracle作为后台数据库。系统体系架构见图7-2。

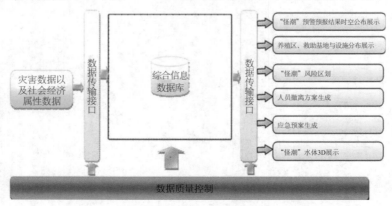

图7-2 系统架构图

苏北浅滩"怪潮"辅助决策系统的建设以"怪潮"灾害数据和社会经济属性数据为基础，结合有效的评价手段和专家决策系统，对数据进行动态分析，针对不同的分析目标，它主要实现"怪潮"预报时空分析、养殖区及救助设施分布分析、"怪潮"风险区划、救援方案生成、应急预案生成和"怪潮"水体3D展示等功能。

7.2 "怪潮"风险区划研究

7.2.1 逻辑设计

"怪潮"风险区划子系统根据怪潮预报结果，以水深、流速、水位涨速为指标确定各受灾区域的灾情等级，并统计不同灾情等级单元内养殖从业人员数、养殖单位数。以灾情预报结果、养殖从业人员数、养殖区面积分布为基础，通过模糊综合评判等方法进行"怪潮"灾害综合评价。其中子系统逻辑结构见图7-3。

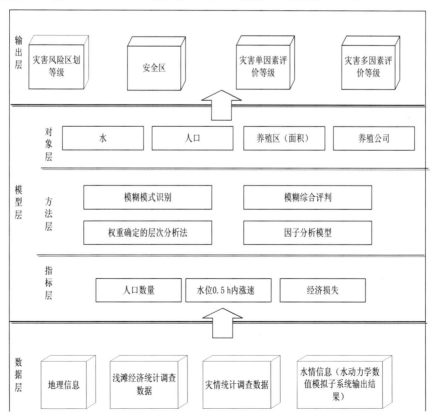

图7-3 "怪潮"风险区划子系统逻辑结构图

系统实现了下列5个基本功能，并最终达到确定灾害风险区划等级、确定安全区、进行灾害评估等功能。

① 依据水动力学数值模拟子系统的输出水位分布（包括流速、水位涨速、"怪潮"增水量），利用模式识别等方法评定各网格致灾因子危险性等级，输出评估区域"怪潮"灾情评价。

② 依据评估单元社会经济统计资料（包括作业人员数、滩涂面积值、养殖面积值等）以及空间地理信息资料，运用面积权重法、回归分析法等对社会经济数据进行空间求解，能生成具有空间属性的社会经济数据库，反映社会经济指标的分布差异。

③ 依据评估单元社会经济数据，利用模式识别等方法评定各评估单元人口数量、经济损失等级，输出评估区社会经济状况评价。

④ 利用灾情特征分布与社会经济特征分布空间化表达，通过空间地理关系进行拓扑叠加，能获取不同等级"怪潮"灾害灾情区域内作业人员、经济损失分布。

⑤ 利用模糊综合评价等技术，根据"怪潮"灾害灾情评价值、人口数量评价值、灾害损失评价值能对评估区"怪潮"灾害进行综合评估。

7.2.2 灾害风险区划

7.2.2.1 养殖区风险值生成

风险是指某一自然灾害发生后所造成的总损失。风险的定量表达即风险度，是风险程度的简称，对应自然灾害风险不同的定义，风险度的表示也各不相同：

① 风险度 = 危险度 + 易损度（Maskrey，1989年）；

② 风险度 = 危险度 × 结果（Deyl和Hurst，1998年）；

③ 风险度 = 概率 × 结果（国际地科联滑坡研究组，1997年）；

④ 风险度 = 危险度 × 易损度。

其中，④ 已逐渐为广大学者和有关机构所认同。

系统运用"模糊综合评价"作为风险评估的主要方法，考虑以下两个评估指标，得到各养殖区"'怪潮'灾害风险值"，形成基于"'怪潮'发生频率"的危险性评价图。

（1）致灾因子危险性，即"'怪潮'发生频率"，频率越高越危险；评估区"怪潮"发生频率值是在水动力数值模拟系统输出的评估区45 193个三角形网格顶点数值模拟一年时间内发生130 cm/0.5 h以上水位的频率数计算得出（见图7-4）。

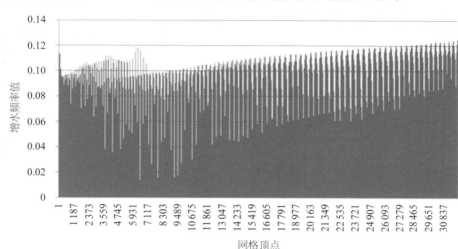

图7-4 苏北浅滩部分地区各三角形网格顶点年平均增水超130 cm/0.5 h频率值

（2）承灾体（养殖场）易损性，易损性与作业人员数、养殖面积有关（成正比）。

7.2.2.2 "怪潮"评估区风险区划

"怪潮"灾害风险区划是在"怪潮"灾害风险评价基础上进行宏观分区，这样更有助于清晰地把握灾害风险的空间格局与内在规律。

利用地理信息系统空间分析功能，将基于"'怪潮'发生频率"的危险性评价图和社会经济易损性评价图进行叠加分析，便可建立以养殖区为基本单元的"苏北浅滩'怪潮'风险区划图"（见图7-5）。

图7-5 "怪潮"灾害风险区划

风险区划图最终显示效果见图7-6：

图7-6 "怪潮"灾害风险区划运行效果

7.2.2.3 安全区确定

通过风险区划，确定灾害发生区域的灾害等级。为了辅助相关职能部门做好决策，进一步做好减灾工作，根据多次预报结果，通过流速和0.5 h内的最大增水两个因素综合判断，将流速从来没有超过2.5 m/s，同时0.5 h内潮位激增从未超过100 cm的区域认定为安全区。此项功能将为养殖区工作人员提供安全生产指导。安全区确定模块具体实现过程见图7-7，安全区确定系统运行效果见图7-8。

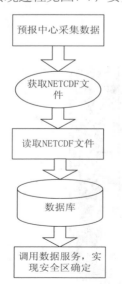

图7-7 安全区确定实现流程图　　　　图7-8 安全区确定系统运行效果

7.2.2.4 灾害评估

根据"怪潮"预报结果以水深、激流、水位急涨幅度、作业人员数量、经济情况等为指标确定各受灾区域的灾情等级。运用因子分析法从影响"怪潮"因素中提取出了相对独立的3个层面的指标，形成了指标体系，见图7-9。

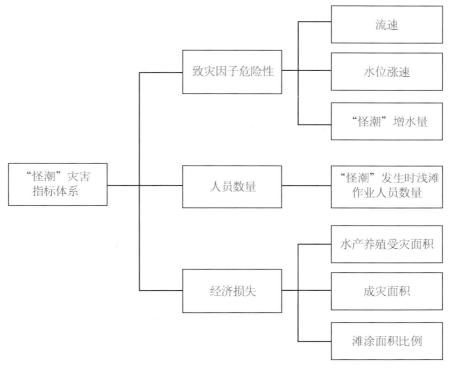

图7-9 "怪潮"灾害指标体系

系统首先建立每个影响因素对"怪潮"灾害的等级评价标准，运用模糊模式识别方法划分了影响因素的灾害等级，进行单因素灾害评价；同时系统结合相关行业标准、知识库数据，将专家打分法与层次分析法相结合，给各影响因子赋权；最后系统综合考虑多个影响因素，运用模糊综合评判法建立"怪潮"灾害的多因子综合评价模型，划分"怪潮"评估区域的灾害等级（分为特别危险区、危险区、一般性区域、安全区等），进行了多因素的灾害评价。

其中，"怪潮"灾害评估的评价模型分为单因素评估和多因素评估两种评估模型。

1）单因素评估

系统共有0.5 h内的潮位信息、人员数量和经济损失3个单因素评价模型。系统依据评估单元因素数据，利用模式识别方法评定各评估单元因素等级，输出评估区因素评价状况（评价等级和评价值）。评估流程见图7-10。

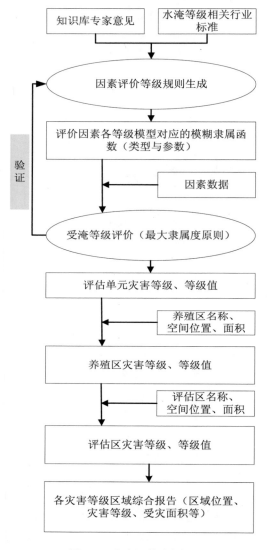

图7-10　灾害评估流程图

系统支持用户自行选择单因素评价的致灾因子（如：水深、流速、水位涨速）以及各因子对应各灾情等级的指标区间值，进而确定描写各灾情等级的模型函数。

（1）因素评价等级规则生成。将各评估单元的受灾等级划分为从高到低4个等级：特别重大灾害、重大灾害、较大灾害和一般灾害。

（2）模型函数及隶属函数的参数确定。设用户设定某一灾情等级对应平均水深区间为 $[h, H]$（单位：cm），模型函数为梯形隶属函数（MF）：

$$
\text{trapezoid } (x;\ a,\ b,\ c,\ d\ ) = \begin{cases} 0\ ,\quad x \leqslant a \\ \dfrac{x-a}{b-a}\ ,\quad a \leqslant x \leqslant b \\ 1\ ,\quad b \leqslant x \leqslant c \\ \dfrac{d-x}{d-c}\ ,\quad c \leqslant x \leqslant d \\ 0\ ,\quad d \leqslant x \end{cases} \tag{7-1}
$$

其中，参数 b，c 表示该等级水位的中心区间的端点；a，d 表示该等级水位的延伸区间的端点。参数的计算方法见式（7-2）：

$$
a = h - \alpha,\quad b = h + \alpha,\quad c = H - \alpha,\quad d = H + \alpha \tag{7-2}
$$

参考相关行业灾情分级标准确定各受灾等级对应区间及含义，系统给出了不同等级的各参数，基于梯形模糊数的"怪潮"灾害等级参数见表7-1。

表7-1　基于梯形模糊数的"怪潮"灾害等级参数表

灾害等级	特别重大灾害				重大灾害				较大灾害				一般灾害			
影响因子	a	b	c	d	a	b	c	d	a	b	c	d	a	b	c	d
潮位/cm	—	—	—	—	120	122.5	127.5	130	110	112.5	117.5	120	100	102.5	107.5	110

注："—"表示无明确数值。

其中，a、b、c、d 分别为梯形模糊数影响因子的参数。其人口及经济损失因区域不同而各异，均可由各研究区域政府部门及相关专家学者给定具体参数。

（3）灾害等级评价。调用评估区水深分布数据，计算各评估区灾害等级模糊集的隶属度，由最大隶属度原则，确定其评价等级。单因素灾害评估系统运行效果，见图7-11。

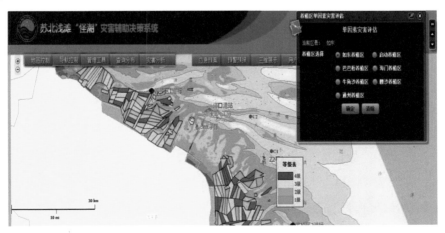

图7-11　单因素灾害评估系统运行效果

2) 多因素评估

"怪潮"灾害的多因素综合评估首先要对影响灾害的3类因素进行赋权，然后调用社会经济数据库中数据，利用已经计算出的影响灾害的3类因素的评价值，采用模糊综合评价的方法对各评估单元的综合灾害进行评估。其流程见图7-12。

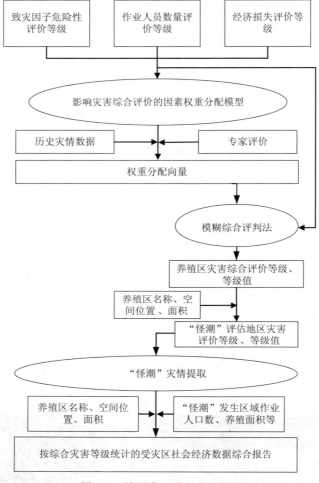

图7-12 "怪潮"灾害综合评估流程图

（1）权重向量生成。赋权方法分为：主观方法（如层次分析法）、客观方法（基于标准差权重分配法）以及主客观相结合方法。

在缺乏历史灾情数据的情况下，宜结合知识库专家意见采用主观赋权法，如：层次分析法，对影响"怪潮"灾害的3类指标进行赋权。专家评分法的优势主要表现在：简便、直观性强、计算方法简单并且选择余地较大、将能够进行定量计算的评价项目和无法进行计算的评价项目都可加以考虑。

其中，专家评分法有许多种，一般根据评价项目，评分标准的划分与评分计算方法的不同，可以分为：加法评分法、连乘评分法、加乘评分法、加权评分法。

本项目基于灾害指标权重，采用加权评分法对养殖区进行多因素灾害评估。

多因素评估系统界面见图7-13。

（2）灾害综合评估。系统调用社会经济数据中各因素指标（流速、水位涨速、

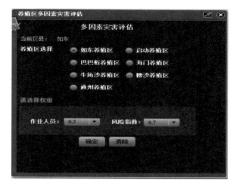

图7-13 多因素评估系统界面

"怪潮"增水量、作业人员数、水产养殖受灾面积、成灾面积、滩涂面积比例）数据，根据已生成的评估指标权重向量，利用模糊综合评价方法对各评估单元进行灾害综合评估。

养殖区多因素灾害评估系统运行效果见图7-14。

图7-14 养殖区多因素灾害评估系统运行效果

7.3 救援方案生成

本子系统在其他任务单位提供的"怪潮"灾害预报结果的基础上，根据地形信息，应急救援设施分布信息，为作业人员生成最佳的撤离路线。

苏北浅滩备选撤离路径的提取主要分为地形分析、预处理、路网提取以及最终的路径生成。在预处理阶段主要负责对地形分析得出的数据进行读取和校正，以便路网提取数据需求做准备工作。具体路网提取的流程图见图7-15。

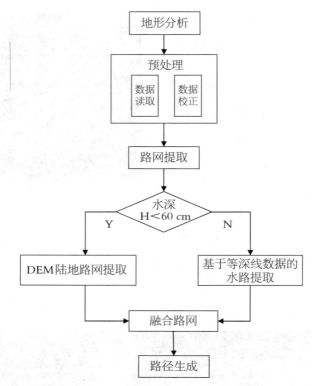

图7-15 苏北浅滩备选撤离路径提取的流程图

7.3.1 地形特征提取

地形特征点包括山顶点、凹陷点、鞍部点等，地形特征线包括山脊线、山谷线等，地形面状特征包括地面的凹凸性等。

本项目中的特征点是指区域内的局部较高线。

局部最高点是局部区域内海拔高程的极大值点，表现为在各个方向上都为凸起。利用DEM提取地形特征点通常都是在一个3×3或更大的栅格窗口中进行的（见图7-16）。主要是依据中心格网点与8个相邻格网点的高程关系来进行判断。也就是在一个局部区域内，用x方向和y方向上关于高程z的二阶倒数的正负组合关系来判断。

$a(x_{i-1},\ y_{j-1})$	$b(x_{i-1},\ y_j)$	$c(x_{i-1},\ y_{j+1})$
$d(x_i,\ y_{j-1})$	$e(x_i,\ y_j)$	$f(x_i,\ y_{j+1})$
$g(x_{i+1},\ y_{j-1})$	$h(x_{i+1},\ y_j)$	$k(x_{i+1},\ y_{j+1})$

图7-16 3×3栅格分析窗口示意

对于山顶点，需要满足的差分条件是：$\dfrac{\partial^2 z}{\partial x^2} < 0$ 并且 $\dfrac{\partial^2 z}{\partial y^2} < 0$。

利用 ArcGIS 提供的 GP 工具可实现其功能，具体处理步骤如下：

① 提取 DEM 坡向层面，记为 A；

② 提取 A 层面的坡度信息，记为 SOA1；

③ 求取原始 DEM 数据层的最大高程值，记为 H；通过栅格计算器 Calculator，计算得到与原来地形相反的 DEM 数据层，即反地形 DEM 数据；

④ 基于反地形 DEM 数据求算坡向值；

⑤ 利用 SOA 方法求算反地形的坡向变率，记为 SOA2；

⑥ 使用栅格计算器 Calculator 和公式 SOA = {（[SOA1] + [SOA2]）−Abs（[SOA1] − [SOA2]）} / 2，即可求出没有误差的 DEM 的坡向变率 SOA；

⑦ 使用栅格邻域计算工具 Neighborhood Statistics，设置 Statistic type 为平均值，邻域的类型为矩形（也可以为圆），邻域的大小为 275×275 MAP，则可得到一个邻域为 275×275 MAP 的矩形的平均值层面，记为 B；

⑧ 使用栅格计算器 Calculator 和公式 C = [DEM] − [B]，即可求出正负地形分布区域；

⑨ 使用栅格计算器 Calculator 和公式 D = [C] >0 & SOA > 70，即可求出局部较高线。

7.3.2 苏北浅滩备选撤离路线

对于苏北浅滩地势起伏相对较平坦的区域，局部较高线很不明显，只有局部的独立最高点出现。当对反地形使用与提取局部较高线相同的方法时，起伏比较小的地面由于水平和高程精度的限制，局部表现为平坦的地面。当这些连续的格网点都具有相同的高程时，模拟结果经常出现一些紊乱，会造成一些不合理的径流模拟结果。为此，在本项目中为了保持局部最高点高程的完整性，采用了 3×3 的格网窗口，通过判断格网中心点与 8 个相邻格网点的高程关系提取了区域 B 的最高点信息，所提取的最高点都能反映出局部地表的最高高程值所在的位置，提取效果较好。

基于用以上地形特征提取的方法处理好的苏北浅滩怪潮地形数据，通过 ArcGIS 软件，生成最优撤离路径的图层，其中，重点以 3 个示范区域（腰沙、西太阳沙养殖区、冷家沙养殖区）为研究对象，生成了该重点研究区域的备选撤离路径（见图 7-17）。

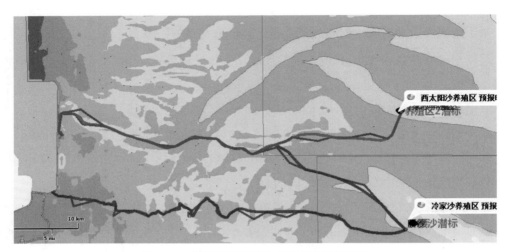

图7-17　示范区经验路径与最优撤离路径图层

　　另外，本系统特别以"4·15"事故为案例，通过调取该事故的数据资料，经上述数据处理生成本系统需要的数据之后，以事故发生时拖拉机抛锚的地点为源点，基于上述生成的地形结构线，快速地生成最优的备选撤离路径见图7-18。

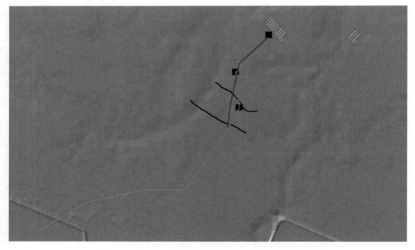

图7-18　"4·15"事件发生地区备选撤离路径

7.3.3　苏北浅滩最佳撤离路径生成

　　在图论中，最短距离是指图中任意两个节点间的权值和最小的路径。而最佳路径的含义根据研究区域情况的不同而有所变化，可能是最方便的，也可能是最省时的，或者是综合起来最实际的。但是在计算方面，它们都是以图中各边的权值作为计算依据的。本项目拟采用Dijkstra算法进行最佳路径选择。

如果G代表加权有向图，V代表G中所有顶点的集合（救生浮筏的位置），StartPoint为图中任意顶点（滩涂作业人员实时位置），S代表已经确定了与StartPoint之间的最短路径的顶点的集合（S集合的初始状态只包含StartPoint），T代表尚未确定与StartPoint之间的最短路径的点的集合（T的初始状态包含除源点StartPoint外的V中所有顶点）。

$w(i,j)$ = 从顶点i到顶点j的链路耗时。若两个顶点之间不直接相连，则$w(i,j)$无穷大；若两个顶点之间直接相连，则$0 \leqslant w(i,j) < \infty$。

$P(n)$ = 从StartPoint到顶点n的最短路径的耗时。

Q表示优先级队列，将集合T中的结点按照W（StartPoint，n），$n \in T$递增的顺序排列所得到的序列，就叫做升序优先级队列。通过对优先级队列的操作，可以将T集合中的顶点逐个加入到S集合中去，并使得从StartPoint到S集合中各顶点的路径长度始终不大于从StartPoint到集合T中各顶点的路径长度。

其基本的操作流程见图7-19。

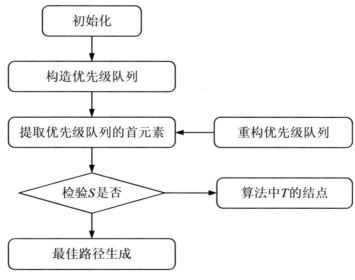

图7-19　操作流程

7.4　应急预案生成

应急预案生成子系统是苏北浅滩"怪潮"灾害辅助决策系统中的一个重要组成部分，在"怪潮"灾害发生后提供迅速的应急预案支持。应急预案生成根据用户的实际需求将其分为实时应急预案生成和历史事件应急模拟展示两部分。

实时应急预案生成：根据每天发布的苏北浅滩"怪潮"区域风险预警数据，读取3个重点示范区域的流速和0.5 h最大增水的预警信息，确定出灾害等级，然后根据灾害等级调取相应的辅助应急预案。实时辅助应急预案主要包括人员安全撤离的安全时间、救助设施分布提示、撤离路径生成和各职能部门应采取的预案措施等信息。系统还提供了根据灾害等级的不同触发不同的预警报声音，且高亮闪烁显示。基本流程见图7-20。

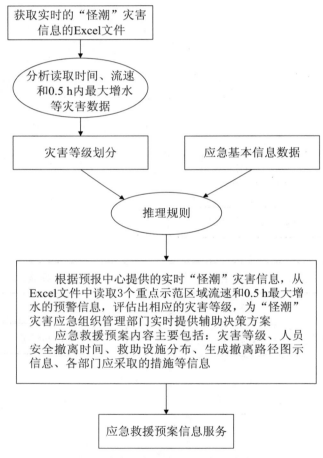

图7-20　应急预案生成子系统标准流程图

历史事件应急模拟展示：根据历史真实灾害事件发生时的数值模拟计算结果，结合流速和0.5 h内的最大增水评估出灾害的等级（蓝、黄、橙、红），根据灾害等级确定出一套行之有效的预案，保证良好的辅助决策效果。应急方案内容主要包括人员安全撤离路径及安全时间、救助设施分布提示和各职能部门应采取的预案措施等信息。基本流程图见图7-21。

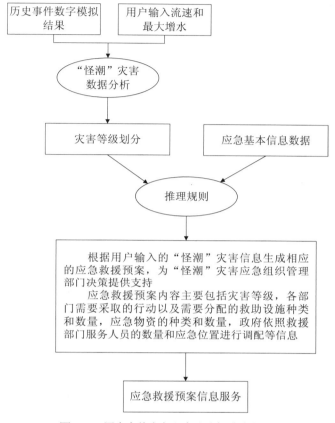

图7-21　历史事件应急预案生成标准流程图

7.4.1　数据需求及规则设计

应急预案模块需要根据"怪潮"发生后的相关数据，生成应急措施，从而快速而有效地为有关部门提供辅助决策支持。

相关数据有：流速和0.5 h内的最大增水。用户可以方便地在用户界面上输入流速和最大增水。"怪潮"激流应急等级划分标准见表7-2。

表7-2　"怪潮"激流应急等级划分表

序号	流速/（m·s⁻¹）	潮位激增（0.5 h内）/cm	等级	应急响应等级
1	1.8≤流速<2.0	80	Ⅳ级（一般）	蓝色
2	2.0≤流速<2.2	90	Ⅲ级（较大）	黄色
3	2.2≤流速<2.4	105	Ⅱ级（重大）	橙色
4	流速≥2.4	120	Ⅰ级（特别重大）	红色

应急预案中规则推理过程主要是依赖于数据库中的两张表，分别为规则表（rule表：四个字段）和行动措施表（fact表：三个字段），见图7-22。

nile			fact	
PK	ID		PK	ID
	condition			name
	result			content
	type			

图7-22　数据库表结构

其中，在规则表中，type属性为1的所有行用来表示"怪潮"灾害等级推理的规则，condition字段中的数据为流速和最大增水信息的数值范围的组合，result字段中的数据为对应的灾害等级值；在行动措施表中，name字段中的数据为救助设施分配编号或者行动编号，content字段中的数据为具体的救助设施分配信息或行动措施信息。

7.4.2　预案库的建立

预案库的信息来源于对众多典型案例处置过程和处置经验的提取、分析、总结，并可根据风暴潮灾情要素的增加，要素参数的不同提供与实际情况相适应的参考处置方案，能够提供预案的检索、录入和修改功能。预案库是一个提供辅助决策的知识库，本身需要有自学习功能，能根据领导、指挥人员的实战指挥经验对预案库的方案进行补充更新，通过不断完善预案库的推理经验，使指挥决策辅助系统逐步成为"怪潮"灾情预测及处理的专家系统，其建立流程图见图7-23。

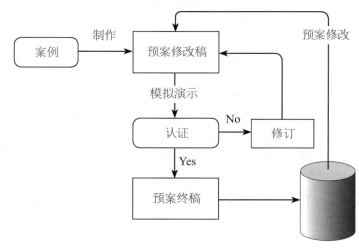

图7-23　预案库建立流程

7.4.3 应急预案推理

由于"怪潮"灾害记录之前相似性检索的预案匹配度一般很低,该模块采用规则推理(Rule Based Reasoning,RBR)技术实现应急预案智能生成子系统,并把推理结果重新存入预案库。

根据事件处理流程,预案生成系统主要由3个模块组成:用户模块、预案生成模块和预案管理模块,见图7-24。用户模块主要负责预案信息的显示以及对RBR推理参数的设置。预案生成模块主要是RBR模块。同时RBR模块还实现了对预案数据库的维护。

图7-24 预案生成子系统功能模块图

7.4.4 实现效果

7.4.4.1 实时应急预案生成

在系统的主界面上显示了3个重点示范区域(腰沙、西太阳沙养殖区、冷家沙养殖区)的实时灾情预警报情况,具体位置分布见图7-25。

图7-25 应急预案主界面

预警报内容主要包括涨潮时段、水位激增开始时间、预警级别、提前撤离时间等内容。如:根据"怪潮"预报系统的预报,涨潮时段为2013年06月26日10时30分至12时,西太阳沙养殖区附近3 km范围之内,10时30分开始将出现水位激增,预计有可能发生"怪潮"现象,级别达到蓝色,建议提前45 min撤离,撤离路线为动态地图中显示的路径。

后根据南通调研一线用户需求，将预警报内容更改为：如西太阳沙养殖区26日将有两次潮位激增过程，其中：第一次过程，涨潮时为8时40分，滩面过水时为11时，潮位激增时段为10时30分至12时，最大达到89 cm/0.5 h，预警级别为蓝色；第二次过程，涨潮时为23时，滩面过水时为23时10分，潮位激增时段为22时20分至23时30分，最大达到105 cm/0.5 h，预警级别为黄色。请相关人员提前撤离。

以冷家沙养殖区为例，根据预报中心发布的2013年06月27日17时的流速和0.5 h最大增水的预警信息，判断该区域是否有潮位激增现象并确定是否应启动应急预案措施。

具体设计界面见图7-26。

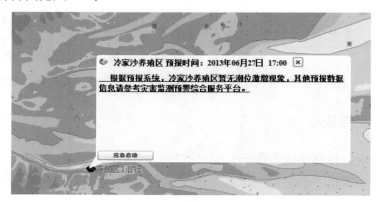

图7-26　冷家沙养殖区灾情预报

7.4.4.2　历史事件应急预案展示

该模块展示了2007年4月15日在江苏省如东县的重大"怪潮"灾难事件发生时3个示范养殖区应采取的应急措施。以西太阳沙养殖区为例，根据预报中心提供的预警报数值结果，在4月15日，西太阳沙养殖区附近3 km范围之内，（水位）7时10分开始将出现水位激增，最大增水达到84 cm。预计有可能发生"怪潮"现象，级别达到蓝色，建议提前45 min撤离。具体应急预案与撤离路径见图7-27。

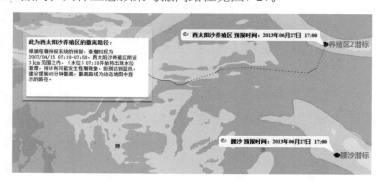

图7-27　"4·15"事件中西太阳沙应急预案信息展示

8 "怪潮"灾害防治建议

为巩固本专项现有的建设成果，呼应江苏沿海开发战略，应进一步完善优化该海域的观测预警体系，尽快实现项目成果的业务化应用，并以此为基础，建立苏北沿海海洋预报减灾示范区，为江苏海洋经济发展、"怪潮"灾害应急预警提供更加有效的安全保障服务。

8.1　健全"怪潮"灾害应急体系

在全球气候变化和海洋经济的快速发展的背景下，海洋灾害发生频率和强度突显，苏北海域激流"怪潮"灾害的危害会愈趋严重。经常发生的"怪潮"引发重大海难伤亡事故，对苏北沿海地区的海洋经济发展与渔业生产安全构成了严重的威胁。因此做好海洋灾害防御工作，是政府履行社会和公益服务职能的基本任务，是构建和谐社会的重要内容。灾害的发生固然有客观上的复杂性，但就全社会而言，对海洋环境、对海洋灾害的认识还远远不够，海洋防灾减灾设施建设比较薄弱，缺乏有效的海洋灾害应急演练和海上逃生途径。一方面，政府部门需要因地制宜，因灾制宜，制定防御海洋灾害的规划，保证应急救援的设备和措施，增设避潮固定设施和救援直升机，并及时向公众发布最新避难设施和安全通道位置。另一方面，普及海洋灾害知识，加强海洋灾害知识的宣传，提高全民防御海洋灾害的认识，特别是强化出海作业人员的自救设备和措施，可利用导航GPS，确认临近浮设避潮设施、避难浮筏等，寻求逃生最佳路线。

8.2　完善制定"怪潮"灾害应急预案

通过"怪潮"专项的研究，初拟《南通沿海"怪潮"灾害应急预案》，但"预案"到底可不行，还有待专家进一步论证。目前，随着《南通市风暴潮、海啸、海冰灾害应急预案》《南通市赤潮灾害应急预案》《南通市处置海洋灾害应急预案》的制定和颁发，标志着从国家到地方的海洋灾害应急响应机制已基本建立，一旦灾情发生，在地方政府的统一领导下，有组织、有计划地做好抢险及善后处置工作。但苏北浅滩防灾减灾的能力依然薄弱，城市灾害应急反应决策支持技术还没有形成体系，更无法与日本、美国等发达国家相比。组织协调不够，尚未建立海洋防灾减灾方面的法规，海洋防灾减灾也没能很好地纳入海洋综合管理计划中去。随着海洋灾害发生频率、规模和强度不断加强，逐步完善海洋灾害应急预案和海上搜救抢险能力，保障人民生命财产安全。

8.3 综合信息系统的可视化与辅助决策常态化

可进一步采用WebGIS技术将新开发的数值预报产品、预警报服务产品与减灾服务辅助决策系统进行信息技术综合建模，更加有效的服务于各级相关政府职能机构和社会公众。

建立常设的遥感图像采集、分析和发布机制，实现滩面地貌变化的信息更新。每个季度更新一次，至少在每个生产季节开始之时发布一次有关潮间带沙体位置、潮流水道动态的信息。为了协助遥感信息解译，可以安排辅助性的滩面地形测量，获得典型沙体和潮流水道的地形资料。

建设紫菜养殖区管理的物联网体系（或养殖智慧网），进一步提高管理效率。目前，滩面生产的管理要依赖于卡口和"马腰"上的值守人员，这不仅成本较高，而且长远地看也不够可靠（值守人员最终可能会靠经验吃饭，从而重蹈"小概率事件"覆辙，或者因玩忽职守而酿成事故）。物联网技术建立在可靠的科学技术基础上，采集的数据质量高、成本低，是今后海岸带管理工具发展的方向。

8.4 深化苏北浅滩海洋灾害预警技术研究

8.4.1 建立浪−流耦合精细化预报模式

根据示范区区域水深、地形数据，结合沿岸海堤等防御工程的分布状况，采用非结构网格技术和并行技术，优化并行模式计算过程，建立适合于示范区的精细化天文潮、风暴潮和海浪的浪−流耦合数值预报模式。

建立搜救应急预报模式

开展近岸波浪−海流相互作用的数值模拟技术研究，建立示范区海域的三维温盐流精细化预报系统，为海难事故提供搜救人员漂移轨迹预测。

8.4.2　海难事故人员漂移轨迹预测

借助地波雷达、精细化潮流数值预报等观测手段和资料，运用新建搜救等模型开展突发海事搜救即时预报，依托超级计算机的运算速度，配以现场实测数据计算潮流、风海流运动方向推算遇难人员的漂移轨迹，一旦海上发生海难事故，及时向相关部门提供未来24 h漂移轨迹。

8.5　拓展和深化近岸海洋学研究

8.5.1　陆海交互作用研究

海岸带在全球物质循环和气候变化中扮演着重要角色，其流域水文和河口的水动力、生态系统对海洋水体和沉积物、大气、陆地间的物质交换起重要作用，河流搬运泥沙至河口沉积和沿岸输运，影响海岸带的地貌演变（沈焕庭，1999）。

苏北辐射状沙脊群属长江三角洲的北翼，海岸绵长，滩涂宽阔，地形复杂，形态特殊，陆源物质在近海不断堆积，海洋作用包括波浪、潮流等，又促使岸线后退。长期的海陆交互作用下，沙体中储存了海岸演变、河口环境、海面变化、气候变化以及海洋环境等各种环境信息，该区域作为一个特殊的地貌体系，是研究陆海相互作用、区域及全球环境变化的理想场所，研究成果可为海陆可持续利用、滩涂养殖、围填海及用海规划等提供更有力的理论依据与科学支撑。

8.5.2　潮波变形问题研究

南黄海近岸浅滩海域处于东海前进潮波与黄海旋转潮波的辐合带，潮汐特征复杂，受东海前进波、黄海旋转波以及苏北沿岸流的共同作用，两潮波在蒋家沙附近交汇，潮波发生变形。潮波变形引起潮汐和潮流的涨落潮不对称，在该区域表现为涨潮历时短、流速大，落潮历时短、流速小的特点，配合沿海滩涂特殊的"巨掌"辐射沙脊地形，极易形成涌潮，危害沿海作业安全。

潮波运动是海洋动力系统的主体，该区域两大潮波系统辐合不仅影响水体和泥沙输运，海岸地貌的塑造，其波形变化引起的涨潮历时和潮差增大现象，具有潜在的灾害风险。因此，有必要进一步开展苏北浅滩区域潮波变形特征和机制研究，有利于深入了解水动力物理机制，摸清潮流、潮汐变化规律，以提高涌潮预报准确度。

8.5.3　风暴潮与暴风浪问题研究

除了受台风过程影响外，该海域因地处江淮，春季温带气旋产生气压变化也会影响水位，低气压造成水位提高，特别是涨潮阶段当潮位涨至中水位时有一个潮位迅速升高的过程，这一时刻又是外围沙洲被淹没，掩护作用明显减弱的时期，波浪显著增大，易形成风暴潮和暴风浪。随着苏北观测体系的业务化运行，大面同步观测数据不断积累，结合高精度地形数据，更有利于定量分析风、气压、浪、潮、地形等多种因子对苏北海域水动力的作用，深入研究风暴潮和暴风浪的发生、发展、致灾的内在机理。

8.5.4　沿岸泥沙输运及岸滩冲淤研究

该海域泥沙含量高，输运不均匀，沙脊具有明显侧向迁移和纵向萎缩趋势，远岸侵蚀近岸堆积，近岸部分与岸滩连成一体成陆。苏北海岸线绵长，其中可建5万吨级以上深水泊位的海岸线逾40 km，如东洋口港外黄沙洋水道和烂沙洋水道是江苏最大、全国为数不多可建10万～20万吨深水泊位的宝贵水道。未来可充分利用苏北浅滩精细化地形数据和精细化预警报数值模型等项目成果，一来，开展沉积动力过程的研究，揭示流域、海岸、陆架间物质交换机理，为生态环境保护、海岸海洋管理提供依据，二来，通过建立苏北海域高精度泥沙冲淤模型，研究辐射沙洲短周期冲淤演变规律，为海洋工程建设、经济发展提供依据。

8.6　加大海洋防灾减灾投入及加强公众教育宣传

海洋灾害防御是一项系统性、长期性的艰巨工作，在海洋防灾减灾机制建设、能力建设、宣传教育与培训、演习、国际交流等方面都需要投入大量的人力、物力和财力。沿海各级政府要充分发挥政府公益服务的社会职能，动员各方力量，多渠道加强投入，满足海洋灾害防御工作的需要。公众教育与宣传也是有效预防和减轻海洋灾害损失的重要措施，是一项需要全社会参与的协调行动。印度洋海啸造成巨大人员伤亡的原因之一，就是公众缺乏海啸知识和防灾意识。我国也面临同样的问题。沿海各级政府应充分发挥媒体优势，采用多种方式进行海洋防灾减灾的普及教育宣传，减少海洋灾害损失。

参考文献

包磊，秦小麟，钟勇. 2005. 用于运动趋势预测的灰色时空数据模型[J]. 中国图像图形学报，10（2）：230-235.

包小明，吴晓，张海辉，等. 2008. 一种企业服务总线的设计与实现[J]. 计算机应用，28（3）：795-798.

蔡中祥，沈焕庭，熊伟. 2005. 基于GeoDatabase模型的长江河口时空数据建模研究[J]. ，24（3）：1-4.

曹书涛，商兆堂，翟伶俐，等. 2010. 南通洋口港海洋气象要素分析和预报[J]. 海洋预报，27（3）：7-10.

曹书涛，朱同生，顾录泉，等. 2005. 南通沿海条斑紫菜养殖的气象条件[J]. 气象，（1）：79-81.

陈波，高秀娥，陈来杰. 2006. 基于等价变换的分布式查询优化方法研究[J]. 计算机工程与设计，27（3）：390-392.

陈才俊. 1991. 江苏淤长型淤泥顶潮滩的剖面发育. 海洋与湖沼. 22（4）：360-368.

陈宏友，徐国华. 2004. 江苏滩涂围垦开发对环境的影响问题[J]. 水利规划与设计，（1）：18-21.

陈晋，史培军. 1995. 时空一体化数据的TGIS设计的初步探讨[J]. 环境遥感，10（2）：143-151.

陈君. 2001. 江苏滩涂围垦现状及其资源可持续利用探讨[J]. 江苏科技信息，（2）：39-41.

陈君. 2002. 江苏岸外条子泥沙洲潮盆-潮沟系统特征及其稳定性[D]. 南京师范大学博士学位论文.

陈满荣，王少平. 2000. 上海城市风暴潮灾害及其预测[J]. 灾害学，15（3）：26-29.

陈述彭，鲁学军，周成虎. 1991. 地理信息系统导论[D]. 北京：科学出版社.

陈小玲，姚胜初，黄煜. 2006. 基于GIS组件的海底光缆与管线信息系统开发[J]. 计算机时代，（1）：28-29.

陈新保，Songnian Li，朱建军，等. 2009. 时空数据模型综述[J]. 地球科学进展，28（1）：9-16.

陈则实，李坤平. 1999. 山东半岛沿岸的大振幅假潮[J]. 黄渤海海洋，（4）：1-12.

崔华，应时，袁文杰，等. 2010. 语义Web服务组合综述[J]. 计算机科学，37（5）：21-25.

仇天宇，周成虎，邵全琴. 2003. 海洋GIS数据模型与结构[J]. 地球信息科学，（4）：25-28.

董卓莉，刘於勋. 2008. 一种通用数据导出导入工具的研究与实现[J]. 福建电脑，（2）：12-13.

杜云艳，苏奋振，杨晓梅，等. 2004. 中国海岸带及近海科学数据平台研究与开发[J]. 海洋学报，26（6）：29-36.

樊妙，邢喆，金继业. 2010. 基于GIS的海洋专题要素自动化制图模式研究与实现[J]. 地理与地理信息科学，26（4）：109-110.

冯杭建，高锡章. 2010. 中国海岸带及近海观测数据多维动态表达[J]. 浙江大学学报：理学版，37（4）：482-488.

冯玉才，刘嘉. 2003. 大量空间数据可视化的算法[J]. 计算机工程，29（13）：79-81.

冯志轩，罗贤，高抒. 2007. 江苏盐城自然保护区核心区环境动态的遥感分析 [J]. 海洋通报，26

（6）：68-74.

冯智银.2008.加强滩涂养殖安全管理建设平安和谐海洋[J].海洋开发与管理，（V00）：114-116.

高抒，朱大奎.1988.江苏淤泥质海岸剖面的初步研究[J].南京大学学报：自然科学版，24（1）：75-84.

高抒.1985.江苏粉砂淤泥质海岸剖面塑造与动态[D].南京大学硕士学位论文.

高武俊，张继贤，庞蕾.2005.时空数据模型及其可视化技术初探，30（2）：32-33.

高勇，林星，刘瑜，等.2006.基于对象关系数据库的时空数据模型研究[J].地理与地理信息科学，22（3）：26-30.

葛海祥，顾汉忠，顾润华，等.2008.海洋渔业安全生产管理高级研修班教程.南通市海洋与渔业局.

葛海洋.2008.浅谈江苏省蒋家沙竹根沙的渔业安全生产管理[J].海洋开发与管理，（C00）：63-64.

耿秀山，傅命佐.1988.江苏中南部平原淤泥质海岸的地貌特征[J].海洋地质与第四纪地质，8（2）：91-102.

顾国民，赵小敏，郑河荣.2008.历史事件GIS平台中时空数据模型的研究[J].浙江工业大学学报，36（4）：390-393.

国家海洋局908专项办公室.2008.我国近海海洋综合调查要素分类代码和图式图例规程[M].北京：海洋出版社.

侯文峰.1999.中国"数字海洋"发展的基本构想[J].海洋通报，18（6）：1-10.

黄金池.2002.中国风暴潮灾害研究综述[J].水利发展研究，2（12）：63-65.

黄培之，Poh-Chin Lai.2004.时间序列空间数据可视化中有关问题的研究[J].武汉大学学报：信息科学版，29（7）：584-587.

季民，靳奉祥，李云玲，等.2004.海洋GIS时空数据组织框架模型研究[J].山东科技大学学报：自然科学版，23（3）：7-10.

季民，靳奉祥，周成虎，等.2006.基于格网的海洋时空数据组织策略研究[J].测绘通报.（7）：6-8.

贾建军，高抒.2005.建立潮汐汊道P-A关系的沉积动力学方法[J].海洋与湖沼，36（3）：268-276.

姜晓轶，周云轩，蒋雪中.2005.基于Geodatabase的面向对象时空数据模型[J].计算机工程，31（24）：27-29.

姜晓轶，周云轩.2006.从空间到时间——时空数据模型研究[J].吉林大学学报：地球科学版，36（3）：480-485.

金永福，郭伟其，苏诚.2008.基于Google Earth的海域使用管理信息系统应用 I.浏览显示篇[J].海洋环境科学，27（5）：513-516.

柯贤坤.1985.江苏滨海平原全新世环境变迁[D].南京大学研究生毕业论文.

孔祥瑞，郑洪源.2009.基于企业服务总线的业务集成方法[J].计算机工程，35（16）：280-282.

李博.2012.中国紫菜养殖业的发展现状研究[J].农业经济与管理，（1）：90-96.

李晖，肖鹏峰，佘江峰.2008.时空数据模型分类及特点分析[J].GIS技术，6：90-95.

李婧，高抒，李炎.2006.江苏北部潮滩盐沼植被类型变化的遥感监测研究[J].海洋科学，28（5）：52-57.

李婧.2005.江苏中部海岸潮滩沉积环境与植被的遥感研究[D].南京大学硕士学位论文.

李清泉，杨必胜，郑年波. 2007. 时空一体化GIS-T数据模型与应用方法[J]. 武汉大学学报（信息科学版），32（11）：1034-1041.

李鑫，章卫胜，张金善，等. 2010. 一次典型寒潮风暴潮过程的数值模拟研究[J]. 海洋科学进展，28（1）：8-16.

李艳，高扬. 2010. 基于地图API的Web地图服务及应用研究[J]. 地理信息世界，（2）：54-57.

李杨，李天文，崔晨，等. 2009. 多源空间数据集成技术综述与前景展望[J]. 测绘与空间地理信息，32（1）：102-106.

林锡藩，等. 1981. 江苏海岸带邻近海域1980年夏季盐度的分布. 海洋研究[J]，（3）.

林泳琴，黄晨晖. 2010. 面向企业应用集成的ESB框架的研究[J]. 计算机应用，30（6）：1658-1660.

刘阿成. 2007. 上海海洋资源综合调查与评价[D]. 上海：同济大学出版社.

刘爱菊，修日晨，尹逊福. 2001. 激流观测与资料处理若干问题的探讨[J]. 黄渤海海洋，（02）：92-98.

刘爱菊，修日晨，张自历，等. 2002. 江苏近海的激流[J]. 海洋学报：中文版，（06）：120-126.

刘爱菊. 2002. 滦河口近海激流成因初探[J]. 科学技术与工程，（5）：16-17.

刘斌华，梁声灼. 2008. 关系数据库的非规范化设计：在规范化设计和系统性能间平衡[J]. 计算机与现代化，10：49-51.

刘长东，梁振林，任一平. 2009. GIS支持下的青岛市海域管理信息系统[J]. 海洋环境科学，28（6）：760-763.

刘丰，王泽，曲政. 2006. 基于数据库的图文报表生成系统的研究[J]. 计算机应用，26（2）：376-378.

刘贤三，张新，董文，等. 2010. 风暴潮灾害预报的数据组织技术[J]. 自然灾害学报，19（2）：136-139.

刘贤三，张新，梁碧苗，2010. 海洋GIS时空数据模型与应用[J]. 测绘科学，35（6）：142-144.

刘新兵，陆松年. 2007. 基于1NET的分布式数据库信息系统的设计[J]. 电脑开发与应用，20（9）：21-22.

刘秀娟，高抒，汪亚平. 2010. 倚岸型潮流沙脊体系中的深槽冲刷：以江苏如东海岸为例. 海洋通报，29（3）：271-276.

刘艳艳. 2008. 基于数据库集群的海洋环境数据优化存储与分布式管理[D]. 中国海洋大学博士学位论文.

刘振民，章任群，陈继香. 2003. WebGIS技术在海洋信息共享中的应用[J]. 海洋技术，22（4）：27-31.

刘振夏，夏东兴. 1995. 潮流沙脊的水力学问题探讨[J]. 黄渤海海洋，13（4），23-29.

刘振夏，夏东兴. 2004. 中国近海潮流沉积沙体[M]. 北京：海洋出版社.

刘志都，李自豪. 2007. 异构空间数据系统查询分解算法的研究[J]. 计算机应用研究，24（12）：97-102.

刘志芳，付华. 2009. 基于WebGIS的旅游信息系统建设[J]. 测绘科学，34（1）：162-164.

刘志勇，许晓宏，邵彦蕊. 2007. 网络地图发布技术研究[J]. 测绘与空间地理信息，30（2）：112-115.

栾晓岩，孙群，耿忠. 时态信息可视化模型研究及实现[J]. 测绘科学技术学报，25（6）：451-454.

马劲松，徐寿成，贾培宏. 2007. 数字海洋虚拟水下数字地形实现的关键技术[J]. 海洋测绘，27（3）：48-51.

马晓，艾萍. 2009. 水文过程线构件库及其应用[J]. 水利水文自动化，2：8-13.

孟令奎，赵春宇，林志勇，等. 2003. 基于地理事件时变序列的时空数据模型研究与实现[J]. 28（2）：202-207.

孟令奎，周杨，李继园，等. 2010. ArcSDE与Socket通信机制多源空间数据混合集成研究[J]. 测绘科学，35（5）：128-130.

南通市海洋与渔业局. 2011. 南通市风暴潮、海浪、海啸灾害应急预案.

潘少明，王雪瑜，Smith J.N.. 1994. 海南岛洋浦港现代沉积速率[J]. 沉积学报，12（2）：86-93.

乔金海，宋勤昌. 2006. 海洋地理信息系统时空数据组织模型研究[J]. 吉林大学学报：地球科学版，36，188-191.

曲辉，崔晓建，董文，等. 2009. 海平面上升模拟及其在数字海洋中的实现[J]. 海洋通报，28（4）：147-153.

任美锷. 1986. 江苏海岸带与海涂资源综合调查报告[M]. 北京：海洋出版社.

如侃. 2004. 江苏如东县兴建国内最大的紫菜交易市场 [J]. 现代渔业信息，19（2）：32.

佘江峰，冯学智，都金康. 2005. 时空数据模型的研究进展评述[J].南京大学学报：自然科学，41（3）：259-265.

申排伟，陆锋. 2006. 视图的分布式数据共享机制与更新技术[J]. 地球信息科学，8（1）：39-44.

盛津芳，文春艳，王斌. 2010. 一种基于SOA的模型驱动快速开发架构[J].计算机应用研究，27（10）：3763-3766.

石绥祥. 2005. 数字海洋中多渠道不确知性信息软融合策略研究[D]. 东北大学博士论文.

舒红. 2007. Gail Langran时空数据模型的统一[J]. 武汉大学学报（信息科学版），32（8）：723-726.

宋长虹. 2009. 基于构件的面向农产品领域可重构软件开发平台技术研究[D].中国海洋大学博士学位论文.

苏奋振，杜云艳，裴相斌. 2006. 中国数字海洋构建基准与关键技术[J]. 地球信息科学，8（1）：12-20.

苏奋振，周成虎，杨晓梅，等. 2004. 海洋地理信息系统理论基础及其关键技术研究[J]. 海洋学报，26（6）：22-28.

苏奋振，周成虎，杨晓梅，等. 2004. 基于过程的海洋地理信息系统研究[J]. 海洋科学进展，22（增刊）：198-203.

苏天赟. 2006. 海底多维综合数据库建模及可视化技术研究[M]. 中国海洋大学博士论文.

孙月平. 2003. 洋口港开发建设与江苏"江海联动"战略研究 [J]. 水资源保护，6：12-18.

覃如府，叶娜，许惠平，等. 2009. GIS系统中多维海洋数据可视化研究[J]. 同济大学学报（自然科学版），37（2）：272-276.

谭玉玲. 2009. 基于NET实现分布式数据库查询[J]. 电脑知识与技术，5（9）：2296-2300.

唐广鸣，任立生，何义斌. 2010.海底管线GIS管理系统设计与实现[J].测绘科学.35（5）：123-125.

唐先明，章晓一，王文娟. 2005. 中科院资源环境数据交换与共享系统的建设[J]. 地理信息世界，3（1）：7-10.

滕俊华，吴玮，孙美仙，等. 2007. 基于GIS的风暴潮减灾辅助决策信息系统[J]. 自然灾害学报. 16（2）：16-21.

童鑫，李军义. 2008. 面向SOA的企业服务总线研究与实现[J]. 计算机应用，28（3）：819-822.

汪亚平，高抒，贾建军. 2000. 海底边界层水流结构及底移质搬运研究进展 [J]. 海洋地质与第四纪地质，20（3）：101-106.

王爱军，高抒，贾建军. 2006. 互花米草对江苏潮滩沉积和地貌演化的影响[J]. 海洋学报，28（1）：92-99.

王爱军. 2004. 人工引种米草对江苏王港潮滩沉积和地貌演化的影响[D]. 南京大学研究生毕业论文.

王爱军. 2009. 海岸盐沼湿地的环境动力过程[D]. 南京大学博士学位论文.

王慧中编译. 1993. 深海流暴及其地质意义[M]：海洋地质译丛.

王建，间国年，林珲，等. 1998. 江苏岸外潮流沙脊群形成的过程与机制. 南京师大学报：自然科学版，21（3）：95-108.

王卫京，翁敬农，樊珂. 2006. 车辆监控系统中时空数据模型设计与实现[J]. 计算机工程与设计，27（6）：1042-1044.

王颖，朱大奎，曹桂云. 2003. 潮滩沉积环境与岩相对比研究. 沉积学报，21（4）：539-546.

王颖，朱大奎，周旅复，等. 1998. 南黄海辐射沙脊群沉积特点及其演变. 中国科学，28（5）：385-393.

王颖，朱大奎. 1990. 中国的潮滩[J]. 第四纪研究，（4）：291-230.

王颖，朱大奎. 1994. 海岸地貌学[M]. 北京：高等教育出版社.

王颖. 2001. 黄海陆架辐射沙脊群[M]. 北京：中国环境科学出版社.

王颖. 2004. 充分利用天然潮流通道建设江苏洋口深水港临海工业基地[J]. 水资源保护，（6）：1-4.

王珍岩. 2006. 淤泥质潮滩地貌的遥感研究——以苏北辐射沙洲海岸为例[D]. 中国科学院海洋研究所博士学位论文.

王振宇，崔利，陈义兰，等. 2007. 海底管线信息系统建设初探[J]. 海岸工程，26（3）：23-27.

卫佳蕴，孙莉，朱吉翔. 2008. 基于元数据的目录服务体系研究与实现[J]. 计算机技术与发展，18（4）：42-44.

魏亮，刘士彬，王杰生. 2005. 基于元数据目录服务的地理空间数据共享[J]. 遥感技术与应用，20（6）：616-619.

邬伦，张毅. 2002. 分布式多空间数据库系统的集成技术[J]. 地理学与国土研究，18（1）：6-10.

吴小根，王爱军. 2005. 人类活动对苏北潮滩发育的影响[J]. 地理科学，25（5）：614-620.

吴正升，胡艳，何志新. 2009. 时空数据模型研究进展及其发展方向[J]. 测绘与空间地理信息，32（6）：15-21.

夏登文. 2006. 数字海洋基础数据及业务流程建模方法及相关技术研究[M]. 东北大学博士论文.

肖汉. 2009. 基于多级重用的领域构件库技术的研究[J]. 武汉大学学报：工学版. 39（2）：55-58.

邢飞，汪亚平，高建华，等. 2010. 江苏近岸海域悬沙浓度的时空分布特征[J]. 海洋与湖沼，41（3）：459-468.

修日晨，顾玉荷，刘爱菊，等. 2000. 海洋激流的若干观测结果[J]. 海洋学报：中文版，（4）：118-124.

徐国万，卓荣宗. 1985. 我国引种互花米草的初步研究[J]. 南京大学学报：米草研究进展——22年来的研究成果论文集：212-215.

徐新艳，谈帅. 2007. 基于Flex的ArcIMS地图发布研究[J]. 现代测绘，30（3）：44-46.

许虎，聂云峰，舒坚. 2010. 基于中间件的瓦片地图服务设计与实现[J]. 地球信息科学学报，12（4）：562-567.

许啸春，裘健，吕同军. 2006. 上海强风暴潮预警报系统设计总体框架[J]. 海洋通报，26（1）：

94—97.

薛存，苏奋振，杜云艳. 2008. 海洋地理信息系统集成技术分析[J]. 海洋学报，30（4）：74—80.

薛存金，苏奋振，周成虎. 2007. 基于特征的海洋锋线过程时空数据模型分析与应用[J]. 9（5）：50—56.

薛存金，谢炯. 2010. 时空数据模型的研究现状与展望[J]. 26（1）：1—6.

薛存金，周成虎，苏奋振，等. 2010. 面向过程的时空数据模型研究[J]. 测绘学报，39（1）：95—101.

薛原. 2009. web专题地图发布的研究与实现[J]. 信息技术，3：20—22.

颜辉武，吴涛，费立凡，等. 2005. 基于Flash技术的网络地图发布研究与应用[J]. 测绘科学，30（3）：73—74.

杨峰，杜云艳，苏奋振. 2008. 基于Web服务的海洋矢量场远程可视化研究[J]. 地球信息科学，10（6）：749—756.

杨鹏，王文俊，董存祥. 2010. 海洋领域信息集成与共享研究[J]. 计算机工程与应用，46（26）：194—197.

杨通国. 2009. 维护分布式数据库中数据一致性的方法[J]. 硅谷，（5）：102—106.

杨新忠，杜云艳，苏振奋，等. 2009. 地理过程的案例表达与组织——以南海区海洋涡旋为例[J]. 地球信息科学学报，11（6）：845—853.

杨雄军，曹启华，王飞，等. 2003. 网络地图发布系统的体系结构及数据模型研究[J]. 海洋测绘，23（6）：11—23.

姚敏，张柏，张树清. 2001. 基于构件的地理信息系统应用软件开发模型研究[J]. 测绘工程. 10（1）：41—45.

姚全珠. 2008. 基于构件的软件形式化开发方法研究与应用[D]. 西安理工大学博士学位论文.

殷福忠，孙立民. 2010. 基于瓦片金字塔技术的地图发布平台开发研究[J]. 测绘与空间地理信息，33（5）：16—17.

俞红奇，丁宝康. 2000. 多数据库环境下的模式集成及查询分解[J]. 计算机工程，26（10）：124—126.

袁正午，程淼. 2006. 时空数据模型研究[J]. 计算机工程与应用，22：171—173.

恽才兴. 2002. 海洋地理信息系统(MGIS)研究进展[J]. 海洋地质动态，18（1）：23—26.

张成，吴信才，罗津，等. 2008. 基于构件库/工作流的可视化软件开发[J]. 计算机工程与应用. 44（10）：82—87.

张丰，刘仁义，刘南，等. 2008. 一种基于过程的动态时空数据模型[J]. 中山大学学报（自然科学版），47（2）：123—126.

张峰，李四海，魏红宇. 2008. 海洋信息资源目录服务系统设计初步研究[J]. 地理空间信息，6（4）：81—83.

张峰，石绥祥，殷汝广，等. 2008. 数字海洋中数据体系结构研究[J]. 海洋通报，28（4）：1—8.

张家强，李从先，丛友滋. 1999 苏北南黄海潮成沙体的发育条件及演变过程[J]. 海洋学报（中文版），（2）：65—74.

张忍顺，沈永明，陆丽云，等. 2005. 江苏沿海互花米草盐沼的形成过程 [J]. 海洋与湖沼，36（4）：358—366.

张忍顺，王雪瑜. 1991. 江苏省淤泥质海岸潮沟系统 [J]. 地理学报，46（2）：195—205.

张文. 2005. Geodatabase模型在河口海岸地理信息系统数据库设计中的应用[M]. 华东师范大学硕士学位论文.

张新，刘健，石绥祥，等. 2010. 中国"数字海洋"原型系统构建和运行的基础研究[J]. 海洋学报，32（1）：153-160.

张旸，陈沈良. 2009. 苏北废黄河三角洲海岸时空演变遥感分析[J]. 海洋科学进展，（02）：166-175.

张怡，张丛，黄健. 2009. 机房监控系统中数据网关服务器的设计[J]. 计算机工程，35（6）：102-104.

仇天宇，周成虎，邵全琴. 2003. 海洋GIS数据模型与结构[J]. 地球信息科学，4：25-28.

赵春娟，肖迎元. 2010. 一种基于语义的Web服务组合方法[J]. 天津理工大学学报，26（5）：29-33.

赵建华，苗丰民，曹可，等. 2008. 我国海域使用动态监视监测管理系统建设思路[J]. 海洋环境科学，27（增刊2）：90-93.

赵亮，史维峰. 2009. 基于SOA的企业服务总线技术研究与应用[J]. 计算机应用与软件，26（5）：117-118.

赵小锋，张新，江毓武，等. 2008. 基于GIS的海域使用自动计费技术研究与应用[J]. 海洋环境科学，27（2）：105-108.

郑扣根，谭石禹，潘云鹤. 2001. 基于状态和变化的统一时空数据模型[J]. 软件学报，12（9）：1360-1365.

郑磊，徐磊，谭凯，等. 2004. 面向对象的基于实体关系的时空数据模型[J]. 北京工业职业技术学院学报，3（2）：1-4.

周军. 2010. 基于FLEX的RIA Web开发框架的特点与性能分析[J]. 科技信息：25.

周依文，史世龙，魏芳. 2009. 基于ArcGIS Server的海洋地图服务管理系统的设计和实现[J]. 测绘与空间地理信息，32（1）：51-53.

周园春，佟强，吴开超，等. 2006. 科学数据网格中分布式查询处理体系结构的研究[J]. 微电子学与计算机，23（1）：45-47.

朱大奎，高抒. 1985. 潮滩地貌与沉积的数学模型 [J]. 海洋通报，4（5）：15-21.

朱大奎，许廷官. 1982. 江苏中部海岸发育和开发利用问题 [J]. 南京大学学报：自然科学版，（3）：799-805.

朱建江. 2001. 基于软件构件的软件复用的研究[D]. 南京航空航天大学博士学位论文.

诸裕良，严以新，薛鸿超. 1998. 南黄海辐射沙洲形成发育水动力机制研究——I. 潮流运动平面特征. 中国科学（D辑），28（5）：403-410.

诸裕良. 2003. 南黄海辐射沙脊群动力特征研究(D). 河海大学博士学位论文.

［美］Tapper. J. 等. 2009. 杨博等译. Flex3权威指南[D]. 北京：人民邮电出版社.

Allen J R L. 1982. Sedimentary structures: their character and physical basis [M]. New York: Elsevier: 1258.

Allen P A. 1997. Earth surface processes [M]. London: Blackwell: 404.

Ariathurai CR. 1974. A finite element model for sediment transport in estuaries [D]. Ph.D. Thesis, University of California, USA.

BOAK, EH, TURNER I.L. 2005. Shoreline Definition and Detection: A Review [J]. JournalofCoastal Research,21(4) : 688-703.

Collins M B, Shimwell S J, Gao S, et al. 1995. Water and sediment movement in the vicinity of linear sandbanks: the Norfolk Banks, southern North Sea [J]. Marine Geology, 123(3-4) : 125-142.

Craft C, Megonigal P, Broome S, et al. 2003. The pace of ecosystem development of constructed spartina alterniflora marshes [J]. Ecological Applications, 13(5): 1417−1432.

DalrympleR W, Knight R J, Lamibiae J J. 1978. Bed forms and their hydraulic stability relationships in a tidal environment, Bay of Fundy, Canada [J]. Nature, 275: 100−104.

Dolan R, Hayden B P, Heywood J. 1978. A new photogrammetricmethod for determining shoreline erosion [J]. Coastal Engineering, 2(1) : 21−39.

Dolan R, Hayden B P, May P, et al. 1980. The reliability of shoreline change measurements from aerial photographs [J]. Shore and Beach, 48(4) : 22−29.

Dolan R, Hayden B P, Rea C, et al. 1979. Shorelineerosion rates along the middle Atlantic coast of the UnitedStates [J]. Geology, 7: 602−606.

Dyer K R. 1986. Coastal and estuarine sediment dynamics [M]. Chichester: John Wiley: 342.

Dyer K R. 1986. Coastal and estuarine sediment dynamics [M]. Chichester: Wiley: 358.

Dyer K R, Huntley DA. 1999. The origin, classification and modeling of sand banks and ridges [J]. Continental Shelf Research, 19(10) : 1285−1330.

Folk R L, Ward W C. 1957. Brazos river bar: a study in the significance of grain size parameters [J]. Journal of Sedimentary Petrology, 27: 3−26.

Gadd P E, Lavelle J W, Swift D J P. 1978. Estimate of sand transport on the New York shelf using near-bottom current meter observations [J]. Journal of Sedimentary Petrology, 48: 239−252.

Gao S. 2009a. Modeling the preservation of tidal flat sedimentary records, Jiangsu coast, eastern China [J]. Continental Shelf Research, 29(16): 1927−1936.

Gao S. 2009b. Geomorphology and sedimentology of tidal flats [C]. In: Perillo G M E, Wolanski E, Cahoon D, Brinson M (ed.), Coastal wetlands: an ecosystem integrated approach. Elsevier, Amsterdam: 295−316.

Hardisty J. 1983. An assessment and calibration of formulations for Bagnold's bedload equation [J]. Journal of Sedimentary Petrology, 53(3): 1007−1010.

Harris P T, Collins M. 1988. Estimation of annual bedload flux in a macrotidal estuary: Bristol Channel, UK [J]. Marine Geology, 83(1−4): 237−252.

Huthnance JM. 1982a. On one mechanism forming linear sand banks [J]. Estuarine, Coastal and Shelf Science, 14: 77−99.

Huthnance JM. 1982b. On the formation of sandbanks of finite extent [J]. Estuarine, Coastal and Shelf Science, 15: 277−299.

Kenyon N H. 1970. Sand ribbons of European tidal seas [J]. Marine Geology, 9:25−39.

Klein G de V, 1985. Intertidal flats and intertidal sand bodies [C]. In: Davis R A (ed.), Coastal sedimentary environments (2nd edition). Springer-Verlag, New York: 187−224.

Krone R B. 1962. Flume studies of the transport of sediment in estuarial shoaling processes [R]. Hydraulics Engineering Laboratory and Sanitary Engineering Research Laboratory, University of Berkeley, California.

Miller M C, McCave I N, Komar O D. 1977. Threshold of sediment motion under unidirectonal currents [J]. Sedimentology, 24: 507−527.

Off T. 1963. Rhythmic linear sand bodies caused by tidal currents [J]. Bulletin of the American Association of Petroleum Geologists, 47: 324−341.

Partheniades E. 1965. Erosion and depostion of cohesive soid [J]. Journal of the Hydraulics Division,

ASCE, 91(HY1): 105–139.

Pattiaratchi C, Collins M. 1987. Mechanisms for linear sandbank formation and maintenance in relation to dynamical oceanographic observations [J]. Progress in Oceanography, 19: 117–176.

Postma H. 1961. Transport and accumulation of suspended matter in the Dutch Wadden Sea [J].Neth J Sea Res 1: 148–190.

R.A. Holman, J Stanley. 2007. The history and technical capabilities of Argus [J]. Coastal Engineering 54 : 477–491.

Richard A, Davis,Jr. 1985.Coastal Sedimentary Environments [J]. Springer-Verlag: 705.

Soulsby R L. Whitehouse R.J.S.W.. 1997. Threshold of sediment motion in coastal environments [C]. Proc Pacific Coasts and Ports' 97 Conf., Christchurch, University of Canterbury, New Zealand, 1: 149–154.

Soulsby R.L. 1997. Dynamics of marine sand, a manual for practical applications [M]. Thomas Telford Publication, London: 249.

Splinter, K. D., R. A. Holman, et al. 2011. Abehavior-oriented dynamic model for sandbar migration and 2D Hevolution, [J] J. Geophys. Res. : 116.

Stride A H. 1982. Offshore Tidal Sands [M]. London: Chapman and Hall: 222.

Van Straaten LMJU, Kuenen PH. 1958. Tidal action as a cause of clay accumulation [J]. J Sed Petrol 28: 406–413.

Wang Y P, Chu Y S, Lee H. J. et al. 2005. Estimation of suspended sediment flux from acoustic Doppler current profiling along the Jinhae Bay entrance [J]. Acta Oceanologica Sinica, 24(2): 16–27.

Wang Y P, Gao S. 2001. Modification to the Hardisty equation, regarding the relationship between sediment transport rate and grain size [J]. Journal of Sediment Research, 71(1): 118–121.

Wang Y P, Gao S. 2001. Modification to the Hardisty equation, regarding the relationship between sediment transport rate and grain size. Journal of Sedimentary Research (A) , 71: 118–121.

Wang Ying. The mud flat coast of China [J] . Canadian Journal of Fisheries and Aquatic Sciences, 1983, 40 (Supp.) : 160–171.

Wang Z Y, Gao S, Huang H J. 2010. Spatial variations of tidal water level and their impact on the exposure patterns of tidal land on the central Jiangsu coast [J]. Acta Oceanologica Sinica, 29(1): 79–87.

Williams J J. 2000. Offshore sand bank dynamics [J]. Journal of Marine Systems, 24: 153–173.

Xie D F, Gao S, Wang Y P. 2008. Morphodynamic modelling of open-sea tidal channels eroded into asandy seabed [J]. Geo-Marine Letters, 28(4): 255–263.

Yu Q, Wang Y P, Flemming B, et al. 2012. Tide-induced suspended sediment transport: Depth-averaged concentrations and horizontal residual fluxes [J]. Continental Shelf Research, 34: 53–63.

Zhang R S. 1992. Suspended sediment transport processes on tidal mud flat in Jiangsu Province, China [J]. Estuarine Coast and Shelf Science, 35: 225–233.

Zhang R S, Chen C J. 1992. Evolution of Jiangsu Offshore Banks (Radial Offshore Tide Sands) and Probability of Tiaozini Sands Merged into Mainland [M]. Beijing: China Ocean Press: 124.